時尚復生！玻璃罐HowHow玩

技巧×布置×送禮×節日

玻璃罐再創作的35個生活巧思

腳丫文化

目錄
CONTENTS

《第四章》

送禮小物　92

《第五章》

個性風儲物及展示罐　108

序 INTRODUCTION

當我告訴朋友這本新書的主題時，他們反應都是：「要用一個玻璃罐做出超過 35 種以上的東西？不就是把東西『塞滿玻璃罐』或『放幾支花進去』，這樣呀！」其實我對於點子的蒐集並不苦惱，因為玻璃罐的功用實在太多了，真正的問題反而在於，要怎麼克制自己只能放一定數量的作品。

手作玻璃罐和果醬罐曾風靡一時，但總是只看到小女孩式的浪漫風格而已，所以決定要讓大家看看玻璃罐也能有當代流行風格。我為每種場合設計不同的玻璃罐作品，利用這些作品來布置居家環境（像是如右圖所示的迷你植栽罐）、當作食物飲料罐、使花園更有個性，甚至把玻璃罐變成燈。所有的作品都有步驟說明，也有詳細的解說圖讓你知道正確做法。你可能會覺得玻璃材質很難處理，但只要使用正確並注意安全，真的沒那麼難。還是不放心嗎？這本書也有很多不需要使用電動工具的作品，像是祈禱蠟燭和花器。

常光臨我的網站（www.hesterhandmadehome.com）及讀過上一本書《Furniture Hacks》的朋友，就會知道我喜歡回收舊物再利用，或是使用周圍隨手可得的東西。這不只是預算上的考量，因與其去買新材料，不如利用現有的東西也比較有意義。放在餐櫃裡或堆在架上的玻璃罐都是完美的材料，不要把它們丟去回收，賦予其新生命，使之變成咖啡杯或小鳥餵食器如何呢？跟著我，開始將你的罐子改造成時尚單品吧！

祝手作愉快！

海絲特

Finest

1 收集玻璃罐

你知道喝葡萄酒的人是依據標籤來挑選的嗎？我這個人啊，則是依據「當玻璃罐變成空罐時，會有多少功用」才去挑雜貨的。標準的透明果醬罐很容易找得到，另有一些造型、顏色深具特色的玻璃罐，可在有機雜貨店或在超市的異國美食貨架被尋視到。

我一直都在收集玻璃罐，當手作癮發作或想做果醬時，手邊隨時都有存貨可以用。由於在籌備這本書的期間，得收集非常多玻璃罐，所以我會在當地超市裡掃視貨架，找出最漂亮的玻璃罐，完全不管內容物是什麼（也因此在那幾週吃了一些瘋狂的餐點）。

2 玻璃儲物罐

玻璃罐發明於 1958 年，這個發明讓玻璃罐變成家家戶戶的必需品，也使保存蔬菜水果變得更加簡單。玻璃罐是口徑大的玻璃罐，罐口外圈有螺紋與中空金屬蓋相合，這個金屬蓋會將另一片圓鋼片往下壓，把蓋子轉緊時就會密封玻璃罐。20 世紀初因為工業進步，製造玻璃罐變得更簡單快速，包爾（Ball）兄弟（從 1886 年開始從事玻璃罐生意）在美國量產他們的玻璃罐。

歐洲亦有其他知名品牌，例如德國韋克（Weck）玻璃罐（其玻璃蓋牢牢地用鋼製扣夾及獨立的橡膠封口固定住）。英國的約翰・基爾納（John Kilner）在接近 19 世紀末時，製造了他的第一個基爾納玻璃罐，這個牌子直至今日，仍持續生產各種形狀大小的玻璃罐，這些罐子也全都有螺旋扣蓋。這些牌子的罐子也及其應用作品，本書皆有收錄示範。

3 哪裡買

玻璃罐在美國到處都有；如果住在英國，可以去 Lakeland 或 eBay 網站找找看。德國韋克玻璃罐在歐洲很容易買到，基爾納玻璃罐也是。傳統廚具商店一直是挑選儲物罐的好地方，不過因為玻璃罐愈來愈常用在手作作品裡，因此在雜貨店或超市也變得比較容易買得到了。

跳蚤市場、後車箱舊物大拍賣、庭院舊物拍賣都是尋找這些材料罐的絕佳地點。我有一次在住家附近的義賣商店找到一箱骨董玻璃罐，用口袋的一點零錢先買了幾罐，幾分鐘後領完錢再回去時，那些玻璃罐已經賣完了。所以如果看到一些不錯的玻璃罐，最好手腳要快！

如果會買舊玻璃罐，那麼有一些網站可以查詢罐子是否是骨董或適合收藏。上網查一下玻璃罐的品牌以及品牌名稱的書寫方式，可以確認一下罐子有多古老。因為，沒有人會想要在價值不菲的玻璃罐上鑽洞的！

“

基本技巧
Basic techniques

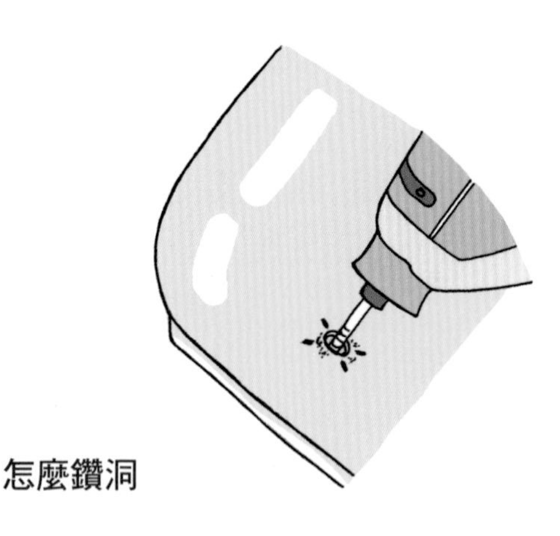

在玻璃上鑽洞

我都用電鑽在玻璃上鑽孔，因為電鑽可調整不同的轉速且易於控制。可能有人覺得要在玻璃上鑽洞很難，只要注意以下幾點，真的很簡單。

1 慢慢來：
在玻璃罐上鑽洞時不要急，否則玻璃會破裂。讓電鑽的速度維持在低速，不要在玻璃上壓得太大力。

2 維持低溫：
讓水不斷流過，以降低玻璃及鑽頭的溫度。因為鑽孔產生的摩擦會使玻璃溫度升高，玻璃破裂的機會也就愈大。也可以使用降溫凝膠（有些鑽頭販售時會附一小罐這種凝膠）。我會把玻璃罐放在廚房水槽，底下墊一條舊毛巾（為了要固定玻璃罐），這樣可以不時地停下來，然後讓玻璃罐在水龍頭底下沖水。我使用的是無線電鑽，如果使用的是插電式的，一定要非常小心，別讓機器靠近任何有水的地方（極推薦大家使用無線電鑽）。

3 使用正確的鑽頭：
使用鑽石鑽頭（玻璃專用鑽頭）的電鑽，鑽出的洞品質最好又最快。

4 鑽洞時一定要戴護目鏡、防護手套、防塵面罩。如果是長頭髮，把頭髮綁起來以免妨礙工作。不要穿袖子又長又寬鬆的衣服。

怎麼鑽洞

用簽字筆在玻璃罐上先找好想鑽洞的位置，並標示出來，再把電鑽放在標記位置上慢慢地鑽洞。若要鑽的洞比鑽頭還大，可先以在孔洞內側移動繞圈，每轉一圈就讓洞變大，直到洞變成想要的大小為止。

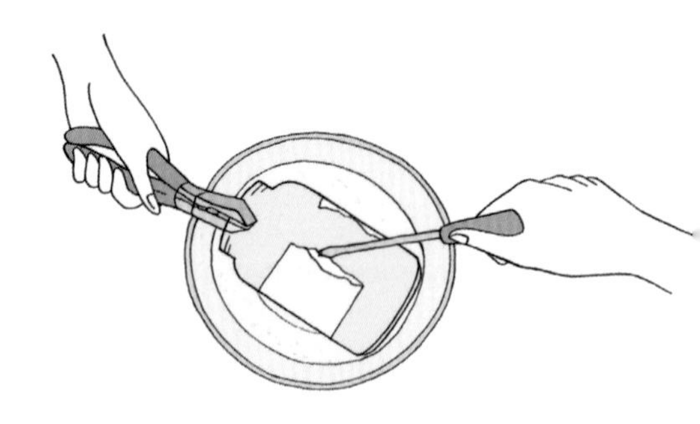

去除玻璃罐上的標籤

若要回收利用果醬罐或飲料罐，可能需要去除上面的貼紙標籤。最快的方法是，把罐子浸泡在裝有滾燙熱水及洗碗精的容器裡，泡幾分鐘後，再用刀子或螺絲起子、刮鏟之類的扁平工具來推除標籤。

記得用鉗子夾好罐子，手才不會被熱水燙到。把罐子沖乾淨後，再拿洗碗海綿沾洗碗精搓掉殘留的黏膠。

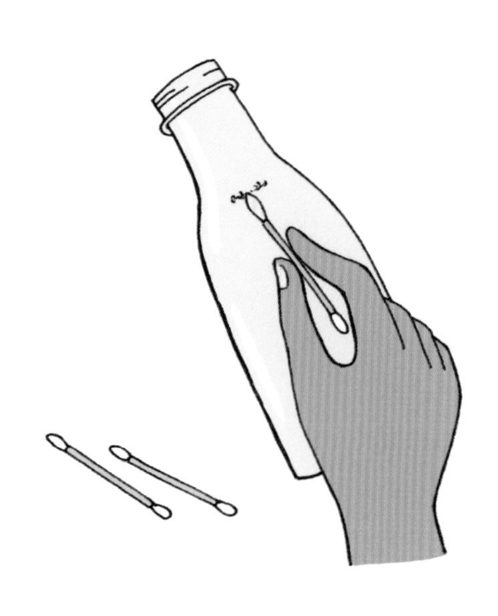

去除保存期限的墨印

用棉花棒沾去光水就能輕鬆去除保存期限的墨印。在印製日期上來回擦個幾次，墨印很快就會消失。

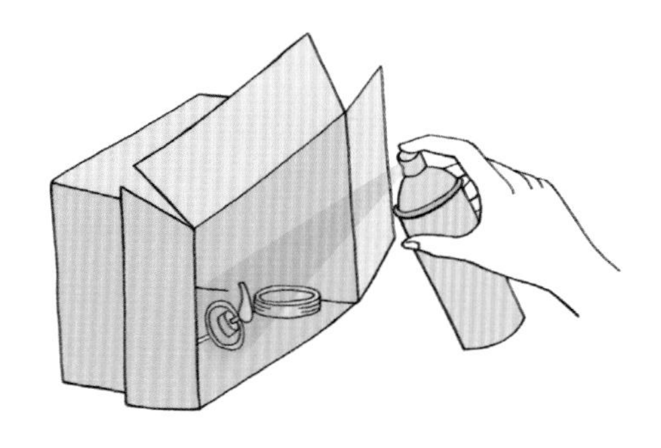

噴漆上色

要在通風良好的室內或室外做噴漆上色。我喜歡做一個小小的噴漆棚，可以防止色漆的微霧到處飛。把東西放在箱子裡也可以確保噴漆不會噴到其他面，必要的話可以噴上第二層。

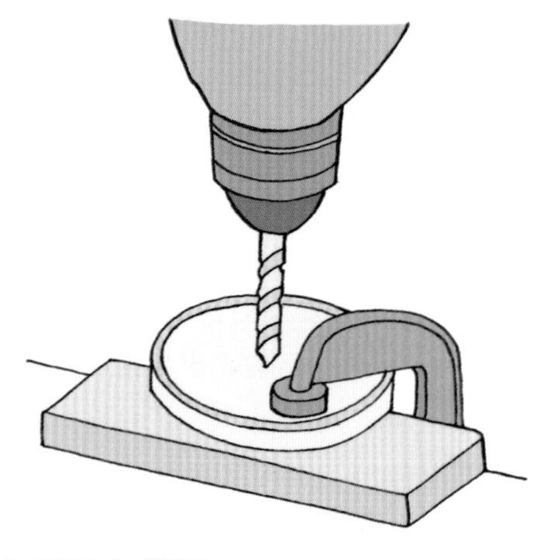

在蓋子上鑽洞

在玻璃罐的蓋子上鑽洞時，須先將蓋子用 G 型木工夾固定在工作桌上，這個動作相當重要。因為玻璃罐的蓋子非常薄，在上面鑽洞時蓋子可能會旋轉，一不小心就可能會被旋轉的蓋子割傷。

鑽洞前，記得須先把頭髮綁起（長髮者務必要整束乾淨），袖子拉起來。在蓋子跟工作桌中間放塊木墊，以防電鑽鑽進桌子。用 G 型木工夾由上往下依序固定蓋子、木墊及桌子，接著標示想要的孔洞位置，在該標記上鑽洞。

CHAPTER 1
派對時光

飲料機

Drinks dispenser

將此漂亮的飲料機裝滿檸檬汁或雞尾酒，派對就會因而增添一點復古迷人的氛圍，客人也會對此印象深刻。使用寬口扣式密封玻璃罐可便於添加冰塊、水果及花草食材。

所需材料：

- ☑ 蓋子方便開關的大玻璃罐（此處使用的是約 4.5 公升的扣式儲物罐）
- ☑ 油性麥克筆
- ☑ 護目鏡
- ☑ 鑽石鑽頭的電鑽（最好是無線電鑽，請參見 016 頁的建議）
- ☑ 冷卻凝膠（請參見 016 頁的建議）
- ☑ 飲料機的水龍頭開關

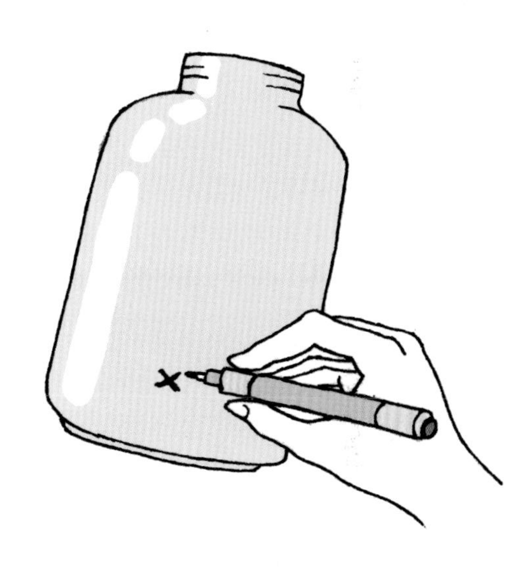

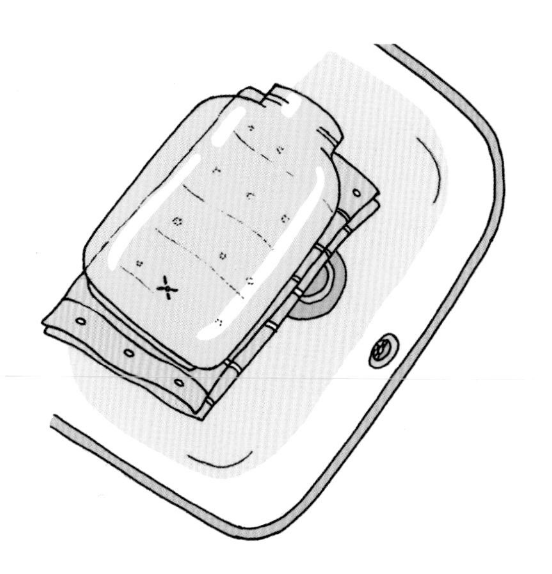

1 用油性麥克筆在玻璃罐上標示開關位置，約距離罐底 5 公分處。

2 在水槽鋪一條毛巾防止玻璃罐滾動。戴上護目鏡，把電鑽設定為低速，並在標記處鑽洞。不要施壓鑽頭，且要持續往鑽孔處沖水以防玻璃溫度升高，並用水噴灑切口或塗上冷卻凝膠。

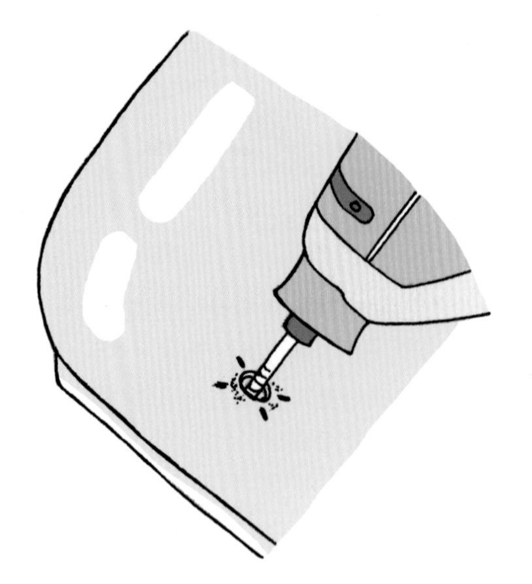

3 在玻璃罐上鑽洞時，需要讓洞口變大，這樣水龍頭與孔洞的大小才能吻合。用鑽頭貼著切口處移動畫圈就可以把洞口變大。記得不要施加壓力，而是慢慢移動直到洞夠大為止。

4 把玻璃罐徹底洗乾淨，清除所有玻璃粉塵。

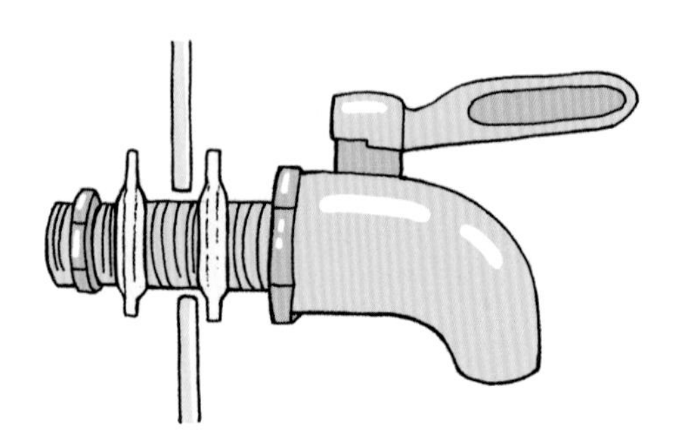

5 水龍頭開關應該要裝有密封墊與螺帽。把其中一個橡膠墊放在水龍頭上，並推進玻璃中，另一片橡膠墊則套在玻璃罐內側的另一端，然後轉緊螺帽。要在玻璃罐內使用工具比較困難，所以用手來操作就好。

TIPS

我會使用配有鑽石鑽頭的無線電鑽在玻璃罐上鑽洞。若能先在舊的空罐上練習鑽洞技巧很好，但其實只要照著説明步驟並注意安全，會發現在玻璃上鑽洞並沒有想像那麼難。

全程須戴護目鏡，電鑽設定成低速，不要壓鑽頭，要用水或冷卻凝膠讓玻璃降溫。個人認為在廚房水槽鑽洞最方便：先在水槽放條舊毛巾固定玻璃罐，約每鑽一分鐘就停下來往洞口澆水，以減少玻璃過熱破裂的機會，也能避免玻璃粉塵亂飛。若是使用插電式（而非無線）電鑽，則須使用噴水瓶或是冷卻凝膠代替沖水。

Fido
made in italy

QUICK IDEAS

花卉桌飾

我喜歡用玻璃罐來展示鮮花，而且喜好依據玻璃瓶罐的漂亮程度，來挑選飲料或罐頭食品的品牌，也是眾所周知的事。

由於本身也樂於創作花飾，並研究出簡單、便宜又效果極佳的方法。買花時，要尋找顏色能互相搭配的花朵，例如黃配白、紫配藍、用幾種柔和色彩搭配單一顏色，或是選擇一個主題（比如只用草本花卉、香草植物）。也可如此篇示範的作品用熱帶植物。

所需材料：

- ☑ 不同造型大小的玻璃罐
  迷你玻璃燭台
- ☑ 幾片葉飾：比如葉子和香草植物
- ☑ 花朵：幾朵搶眼的大花以及一些點綴的花卉

1 把玻璃罐和迷你燭台由上排至餐桌中間排成一長排，並把這些「花器」都裝一些水。

2 把葉子和草本植物插在玻璃罐中。我喜歡用幾株迷香和薄荷，並再摻雜一些葉飾。葉子形狀、顏色深淺可多選不同種款式。

3 加上一朵搶眼的花。試著把最高的那朵花擺在桌上最中間的玻璃罐，最矮的擺在兩端。再拿幾朵小花放在比較小的玻璃罐裡。

4 若有需要再點綴幾個顯眼的顏色。也可用去莖的花朵，擺在淺底的迷你玻璃燭台中。

QUICK IDEAS

刀叉置物罐

想把餐桌布置成日常鄉村風時，利用空玻璃罐來放置刀叉和餐巾會是很棒的點子，而且把玻璃罐擺在餐桌中央，上菜時每個人很容易就能拿到刀叉。任何寬口且高筒玻璃罐都非常適合拿來做這個速成作品。

迷你蠟燭燈架 Tea light HOLDER

燭光能瞬間帶出團聚的氛圍，只要在四周擺放一些裝在玻璃罐裡的迷你蠟燭，就能毫不費力地創造出愜意悠閒的感覺。我喜歡把這些玻璃燭台綁在長長的棍子上，因為這樣就可以在花園輕鬆地隨意移動位置。也可以把它們排成一排做個特別的迎賓步道，或是把它們放在戶外座位的周圍。我曾用 10 個這種燭燈來布置朋友的海灘派對：沙灘上到處放有這些燭燈，同時可標示出派對區域，營造出專屬的舒適放鬆氣氛。

所需材料：

- ☑ 儲物玻璃罐或其他類似的玻璃罐
- ☑ 綑綁用的麻繩
- ☑ 長竹桿
- ☑ 剪刀
- ☑ 黏膠（非必要）
- ☑ 裝飾用鮮花（非必要）
- ☑ 一小把石礫
- ☑ 迷你蠟燭
- ☑ 長火柴棒

1 拿掉玻璃罐的蓋子。

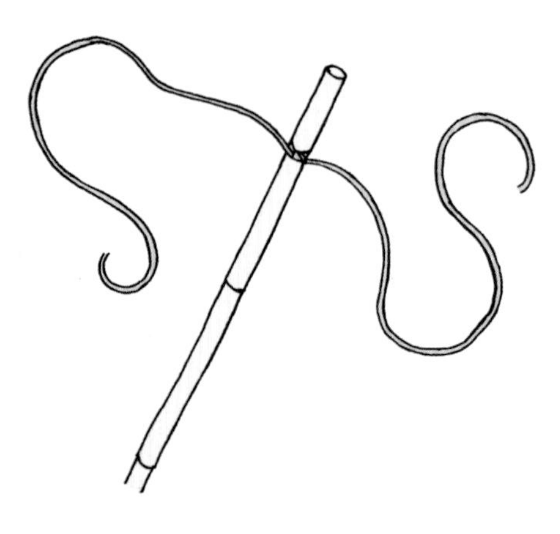

2 在距離竹桿頂端約 5 公分的地方綁一條長繩，綁完後繩子兩端的長度要一樣。之後將繩子固定打結、緊緊地綁在竹桿上。

3 把罐頸擺在繩結處，用麻繩綁住玻璃罐，在中間交叉打結後，繞到玻璃罐背後再打兩個結。

4 再次把麻繩牢牢繞著玻璃罐頸綁緊。這次把繩子繞到背後的竹桿位置打兩個結固定。不斷重複綁緊跟打結，直到玻璃罐感覺像是黏在竹桿上為止。

5 剪掉多餘的麻繩，並將外圈的金屬圈蓋子蓋上。

6 為了固定罐子底部，要用一條長麻繩先繞竹棍幾圈後打兩個結，然後在罐身較低的地方用麻繩繞幾圈後在背後打兩個結。重複再做兩次，再將多餘的繩子剪掉。如果竹桿或玻璃罐有一點滑動或麻繩沒綁緊，麻繩和玻璃罐中間可以用一些許黏膠固定。

7 要使用時，把竹竿穩穩地插進土裡或沙灘裡。也可以在玻璃罐和竹桿之間的縫隙可以插一些花。放一把石礫到玻璃罐中，上面放個迷你蠟燭，再用長火柴點燈。

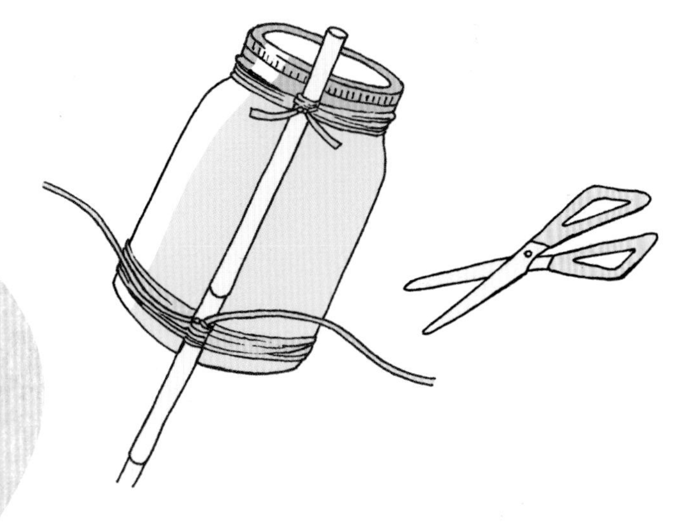

TIPS

此處使用的是Ball牌儲物玻璃罐，它的蓋子分成兩部分：中間金屬圓片跟固定蓋子的外圈螺旋蓋。其它任何大小適合的玻璃罐也都可以拿來使用。

QUICK IDEAS

野餐罐

在提籃裡塞滿裝有美味佳餚的玻璃罐，出發來去野餐吧！把一人份的餐點裝進玻璃罐裡不僅方便攜帶，亦不需要另外準備餐盤。

將食物裝進玻璃罐，可以避免食物在袋底被壓爛。在野餐提籃裡攜帶的食物，尤其適合以玻璃罐來裝置，因為玻璃罐在籃子裡不會撞來撞去。另外，把水裝進塑膠瓶冷凍後，放在籃子裡就能讓所有東西都保冷。

以下是一些我去野餐時喜歡準備的食物：

★ 易碎的點心（像是洋芋片和德國結餅乾）很適合進玻璃罐，可以避免在途中被壓成餅乾屑，而且這樣也不需要帶碗，只要遞上玻璃罐就好。

★ 分層疊起的沙拉裝在玻璃罐裡看起來會很漂亮。顏色鮮豔的蔬菜疊得一層一層的，沙拉罐會看起來像幅畫一樣。首先先鋪一層水田芥（西洋菜），上面再放切塊番茄，然後加一層甜玉米，最後再放一些切片的櫻桃蘿蔔。

★ 容易被壓爛的水果，例如櫻桃或覆盆莓。

★ 將烤肉桂捲的材料混合放進玻璃罐裡，再按照食譜的說明去烤。

★ 玻璃罐蛋糕（參見第 106 頁的食譜）。

★ 厚厚的美式鬆餅也非常適合疊在玻璃罐裡。用玻璃罐罐口的圓邊在鬆餅上切出圓形，塗上果醬，然後一層鋪鮮奶油一層鋪覆盆莓，輪流疊起來。

★ 加上幾瓶果汁就是完美的野餐饗宴。

Belvoir
fruit farms

泥罐座位牌

CONCRETE placecard holders

我很喜歡邀請家人、朋友一起到家用餐，並準備簡單易做的餐點。因相比要站在爐子前埋首苦幹幾小時，我更喜歡跟客人聊天。我也喜愛將餐桌布置得美美的，如果餐桌本來就美觀又漂亮，那當然可以省下很多力氣！用空的香料罐來製成的座位牌，可以為餐桌添點現代鄉村風。作法很簡單，同時也可用這些座位牌來展示照片或明信片。

所需材料：

- 金屬線材
- 剪線器
- 量尺
- 水泥（快速凝固的水泥）
- 塑膠容器（用來調製水泥）
- 舊湯匙（攪拌水泥用）
- 玻璃香料罐
- 舊衣服或抹布
- 紙筆
- 剪刀
- 幾株迷迭香

1 剪一條30公分長的金屬線，每個玻璃罐都要一條。從末端捉量12公分，把金屬線放在一根手指上繞兩圈，變成兩個環。

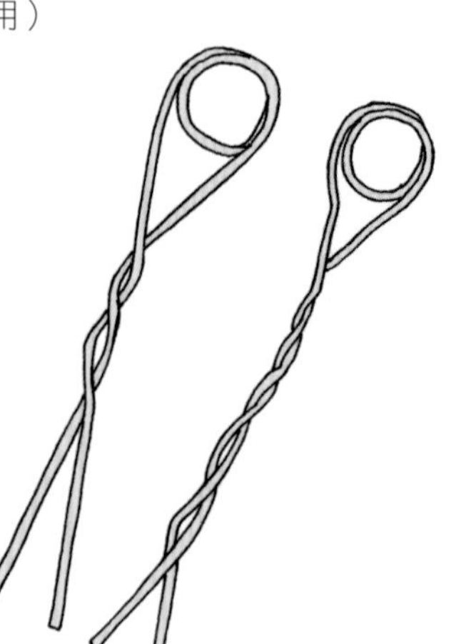

2 再將繞剩的兩條金屬線交叉繞在一起，變成一條比較粗的線柄。

3 在舊容器中混合混凝土，依照混凝土材料包上的指示，把一定比例的水倒進水泥砂（我喜歡用要丟掉的容器來混合水泥，像是牛奶盒的下半層）。調到像濃稠優格的程度就完成。

TIPS

可以在居家修繕材料店買到少量的袋裝或桶裝的速硬水泥砂。水泥又稱作「混凝土」。

4 小心地把水泥倒入香料玻璃罐裡，再把座位牌插進罐子中央。最後將滴在罐子表面上的水泥擦掉。

5 待水泥凝固後（根據水泥材料的不同，等待時間可能需要幾小時至一天不等），剪幾張長方形的紙卡，寫上賓客姓名，把紙卡放在座位牌上，插進兩個金屬線圈的中央。也可如示範作品，用一小株迷迭香裝飾。

QUICK IDEAS

酪梨沙拉罐

若須事先準備好午餐或野餐的食物，玻璃罐是個理想的容器，因為玻璃能保鮮食物，且能不斷回收再利用。這是我最喜歡的沙拉食譜之一，也是個完美的午餐沙拉。若用搗爛的酪梨當沙拉醬，就不需要另外替油醋醬準備一個容器。只要拿根叉子把沙拉全拌在一起，就可立即享用了！

所需材料：

- ☑ 玻璃罐
- ☑ 一顆酪梨
- ☑ 新鮮檸檬汁
- ☑ 切碎的辣椒
- ☑ 一把香菜
- ☑ 8 顆小蕃茄
- ☑ 1/3 櫛瓜
- ☑ 一顆水煮蛋
- ☑ 鹽巴及胡椒

作法：

1. 將酪梨、一點檸檬汁、一些碎辣椒、一小撮鹽及胡椒加在一起後搗爛，做好後放進玻璃罐底部。

2. 香菜切碎鋪在酪梨上後，小蕃茄切對半放進罐子裡。

3. 櫛瓜刨絲放在小番茄上，水煮蛋切片鋪在罐子的最上層。最後蓋緊玻璃罐的蓋子。

4. 要吃的時候用叉子拌一下沙拉即可。

QUICK IDEAS

雞尾酒調酒罐

在提籃裡塞滿裝有美味佳餚的玻璃罐，出發來去野餐吧！把一人份的餐點裝進玻璃罐裡不僅方便攜帶，亦不需要另外準備餐盤。

將食物裝進玻璃罐，可以避免食物在袋底被壓爛。在野餐提籃裡攜帶的食物，尤其適合以玻璃罐來裝置，因為玻璃罐在籃子裡不會撞來撞去。另外，把水裝進塑膠瓶冷凍後，放在籃子裡就能讓所有東西都保冷。

所需材料：

- ☑ 玻璃罐
- ☑ 冰塊
- ☑ 鳳梨伏特加
- ☑ 新鮮薄荷葉
- ☑ 氣泡水或蘇打水（非必要）

鳳梨伏特加的作法：

新鮮鳳梨切小塊，放入玻璃罐。倒入足夠的伏特加直至罐口，放進冰箱蔬菜保鮮層（冷藏室）泡一個禮拜。每天都去搖一下罐子。

雞尾酒的作法：

1. 冰塊加至玻璃罐一半的高度。

2. 一杯雞尾酒的量：將一杯鳳梨伏特加、兩杯鳳梨汁倒入玻璃罐，再加一些薄荷葉和兩片檸檬，轉緊蓋後子用力搖晃。

3. 酒杯裡放些冰塊，轉開玻璃罐，用蓋子過濾材料後再將雞尾酒倒進杯中，可另用一片薄荷葉和一片檸檬來裝飾。

4. 可以喝只加冰塊的鳳梨伏特加，也可以喝摻氣泡水或蘇打水的調酒。

CHAPTER 2
居家裝飾

繩編花瓶套

yarn-wrapped VASE

編織是能消耗剩餘碎布的好方法。這種布繩能用各種方式來製成：可以做成大球裝飾品、用勾針編織或改造一個玻璃罐。也可以把各種玻璃罐改造成時髦的花瓶，例如用牛奶瓶或是小燈座。我是用棉布條來製作，若用絲綢布編織效果也會一樣棒，須確認所使用的布料厚度都一樣即可，且只能擇一使用，不要混搭。

所需材料：

- ☑ 棉布條（裁成約 2 公分，長度可不一）
- ☑ 布用剪刀
- ☑ 玻璃罐
- ☑ 熱熔槍

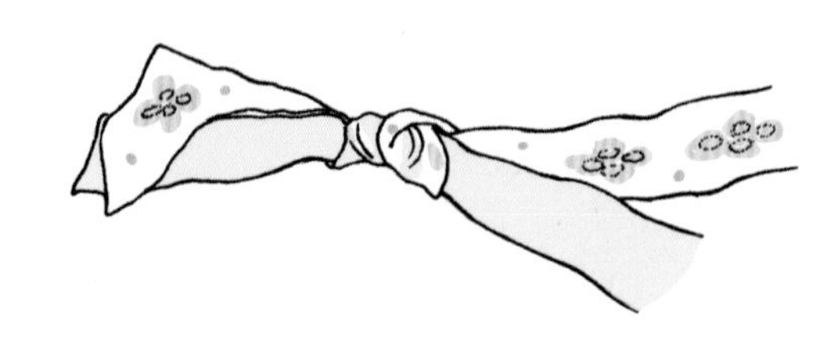

1 開始編織時，先把兩條布條打個結。

2 手指夾著其中一條布條往外捲繞

3 將捲好的布條拉往自己的方向，放在另一條沒有捲繞的布條上。

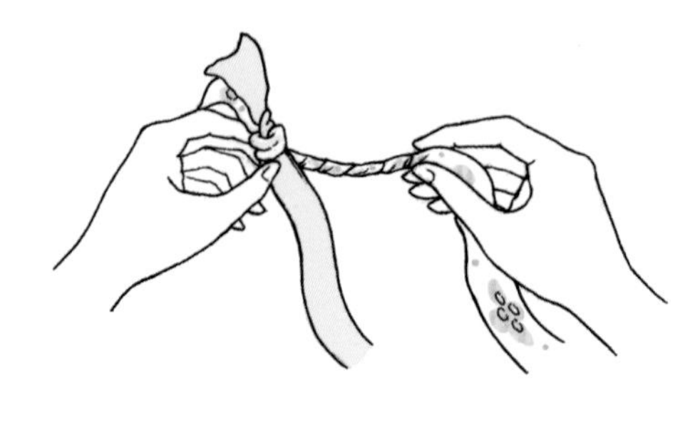

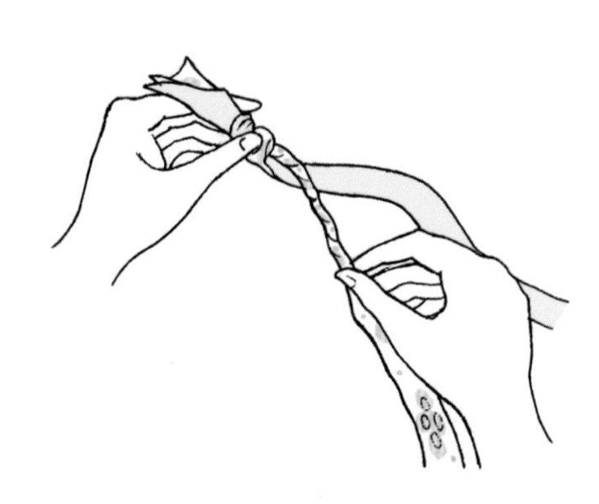

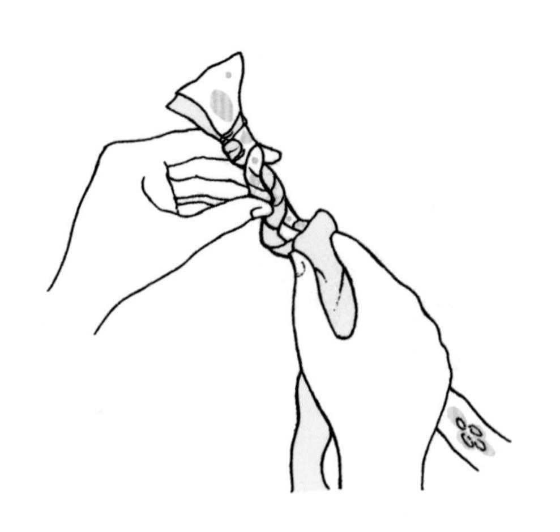

4 把沒有捲繞的布條往外拉，並用手指捲繞（同步驟 2）。接著把它拉往自己的方向，放在另一條布條上。依照捲繞及交疊布條的順序，反覆操作直到編到布條尾端。

5 編到布條末端時，加進另一條布條，把它包在原有的布條裡。持續捲繞布條直到布條長度足以包住選用的玻璃罐為止。

6 用熱熔槍在玻璃罐點上一些熱熔膠小點，將布條黏在玻璃罐上。記住，熱熔膠乾得很快，所以只要先點一些在罐子底部即可。把編織布條壓向熱熔膠，固定幾分鐘，確保布條黏在正確位置。

TIPS

將布料剪成不同長度的布條，以確保在加入新布條時的接縫位置不會太一致，也可藉此製作出比較堅固的編織品。

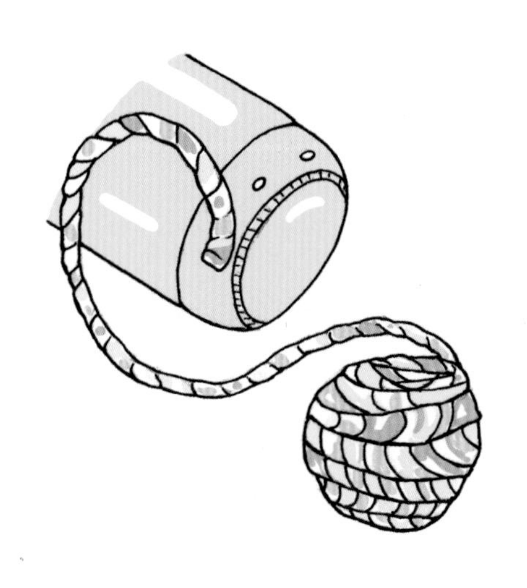

7 繼續將編織布圍繞在玻璃罐上，並適時點上更多熱熔膠。

8 繞到罐口時，用編織布條繞著罐頸，蓋住所有玻璃。剪掉多餘的編織布條，並確認末端鬆散的布條已牢牢地固定黏住。

QUICK IDEAS

天然室內香氛

香氣能使人想起一些難忘的記憶，可能是某個超棒的地方或特別的人，尤其會勾起生命中某段快樂的回憶。現成的室內香氛產品雖然會讓室內充滿香氣，卻大多是合成香水，若能替換成天然香氛素材，由自己調製喜歡的香味不是更好嗎？

草本植物、柑橘類水果以及香料能製作出很棒的芬芳劑。可以事先混合這些材料（如果有自己種的草本植物更好），放在冰箱，冷藏或冷凍保存。要用的時候，只要把玻璃罐放在溫茶座上，就可讓室內充滿像是夏天的氣息。

所需材料：

- ☑ 柑橘類水果、草本植物及所有香料
- ☑ 大的玻璃儲物罐
- ☑ 溫茶座及小蠟燭
- ☑ 砧板及刀子
- ☑ 水

作法：

1. 挑選喜歡的室內香氛原料。我最喜歡的配方是：檸檬配迷迭香、柑橘配肉桂（再加上八角）、萊姆配百里香（再加上薄荷）。

2. 將水果切片，放在玻璃儲物罐裡排好。加入幾株新鮮的草本植物、香料。

3. 玻璃罐裡裝滿水，放在溫茶座上，底下點小蠟燭。

TIPS

若香氛罐是放在冷藏室保存，可先放在爐子上慢慢溫熱，否則用小蠟燭來加熱罐中的水可會等到天荒地老。把罐子裡的東西倒進小平底鍋，加熱至變溫後，把它們倒進玻璃罐裡，再放到溫茶座上。

創意膠作花瓶

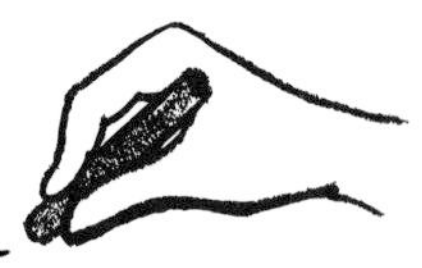

glue patterned VASE

高瘦的玻璃罐很適合用來作為花瓶，利用一把熱熔槍跟一些噴漆顏料，就能輕鬆地把它改造成特別的作品。只要用熱熔膠在玻璃上「寫字」就行了（這需要練習一下，不過其實會比想像中容易上手）。如果不想寫字，也可在玻璃罐上畫個抽象圖或花紋，任何想要的創意都行。

所需材料：

- 紙張
- 筆
- 高瘦的玻璃罐
- 遮蓋紙膠帶（噴漆用的）
- 熱熔槍
- 牙籤
- 報紙
- 噴漆

1 決定想要裝飾的玻璃罐圖樣。此次示範是寫"flower"，若要當成禮物送人，也可以寫收花者的名字。先把字寫在紙上，放進玻璃罐裡對應的正確位置，然後用膠帶固定住。

2 把玻璃罐放在膠帶捲的內圈，使之平衡不動，再用膠帶把罐子卡在一個方便又穩固的角度。接著用熱熔槍開始描繪文字。成功的關鍵在於須慢慢寫，熱熔槍不太好操作，試著盡量精準到位。

3 熱熔槍都會有細小膠絲，所以要用牙籤盡量把這些膠絲去除。待熱熔膠冷卻後（只需幾秒鐘），移除罐內的紙張。

4 把玻璃罐放在室外或是通風良好的室內。用報紙將噴漆操作時會碰到的接觸面都覆蓋好，或是放在箱子內也可以（請見第 11 頁）。將玻璃罐整個噴上漆，等漆乾了後再噴第二層。玻璃罐拿來使用前，須確認已完全乾燥。

玻璃雕刻罐

etched JAR

製作玻璃雕刻罐有二種方式：可以使用雕刻筆或多功能電鑽來磨掉小面積的玻璃；也可以使用化學雕刻膏去除一層薄薄的玻璃。我喜歡用電鑽，除了覺得比較好掌控，也可避免使用到化學物質。簡單的雕刻工具不用花大錢就買得到，想像一下能親手製作出極具個人特色的禮物，很棒吧！

個人偏愛北歐風格，在北歐風格中最有名的民俗風圖案是達拉木馬*。我住在海岸邊時，到處都有海鷗身影，所以我就想，刻一隻達拉海鷗應該會很有趣。

所需材料：

- 玻璃罐
- 海鷗紙型（請見第 124 頁）
- 膠帶
- 舊毛巾
- 雕刻筆（或附有雕刻鑽頭的電鑽）
- 護目鏡及手套

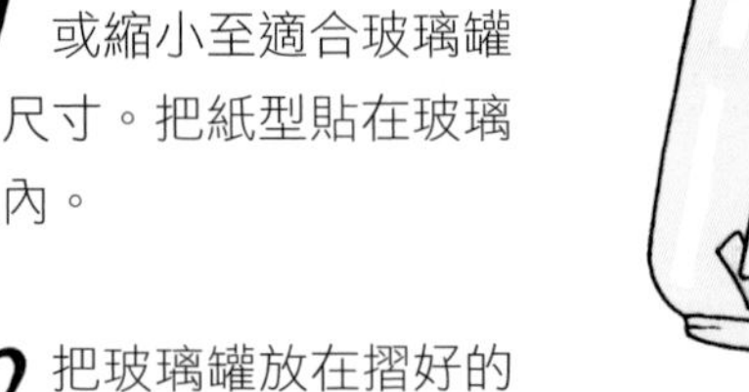

1 影印海鷗紙型，放大或縮小至適合玻璃罐的尺寸。把紙型貼在玻璃罐內。

2 把玻璃罐放在摺好的舊毛巾上，雕刻時要讓罐子保持穩固。建議使用亮色的毛巾，因這樣比較容易看清楚哪個區域的玻璃已經雕刻過。

3 先刻出海鷗的輪廓。輪廓刻好後，再刻有花紋的翅膀。之後把紙拿出來，用雕刻刀一筆筆地把海鷗的身體刻滿。

4 海鷗刻好後，把玻璃罐徹底洗淨，去除玻璃屑。

TIPS

雕刻玻璃時，隨時都要戴著護目鏡及手套。

達拉木馬的故事始於 16 世紀初。

瑞典中部的達拉納地區，天寒地凍，林海茫茫。長夜漫漫，千里外的林間小屋裡，多日在外工作的伐木工人思念孩子和家人，順手取了身邊的木塊，嘗試削刻成可以回家帶給孩子的玩具——一匹拙樸可愛小木馬，就這樣在綿綿父愛中誕生。

孩子們伴隨著父輩精心製作的小木馬玩耍，一代又一代的能工巧匠，雕刻出各式的木馬，並開始在木馬上繪製漂亮的圖案。木馬不僅是孩子的玩具，也慢慢成了當地的民俗藝術品。

（資料來源：https://goo.gl/57e2Te）

lotus

玻璃罐咖啡杯

Coffee cup JAR

提到「露營」，腦中就不禁立刻浮出畫面：營火、咖啡杯、烤棉花糖、圍坐在火堆旁、穿著格子裙、看著遠方的山陵、聽別人彈吉他。因為想在家裡後院營造這樣戶外生活的風格，所以做了這款有把手的玻璃罐杯套。我喜歡皮套，因為可以保溫飲品且非常易於製作，只是需要用到一些工具，像是打洞器、鉚釘；或也可以簡單地在玻璃罐黏上一個木製把手也行（請見第 49 頁）。

所需材料：

- 玻璃罐
- 捲尺
- 皮革片
- 鉛筆
- 美工刀
- 金屬直尺
- 切割墊
- 打洞器
- 鉚釘 4 個
- 鐵鉆及鉚釘（固定工具）
- 鐵鎚

1 測量玻璃罐高度，測量範圍是從罐底部到罐頸的最下圈，此示範玻璃罐是 7 公分。用捲尺繞罐子一圈測量圓周長，此示範玻璃罐的圓周長為 24 公分。

2 用測得的尺寸，在皮革背面畫出想要的杯套。記得需要多留比圓周長多 7 公分的長度。此示範玻璃罐套入前述公式，約可畫出 31 公分 X 7 公分的長方形。用美工刀及金屬直尺在切割墊上裁下這個長方形。

3 在長邊的上下兩個角，距離邊界約 3 公分處做記號。

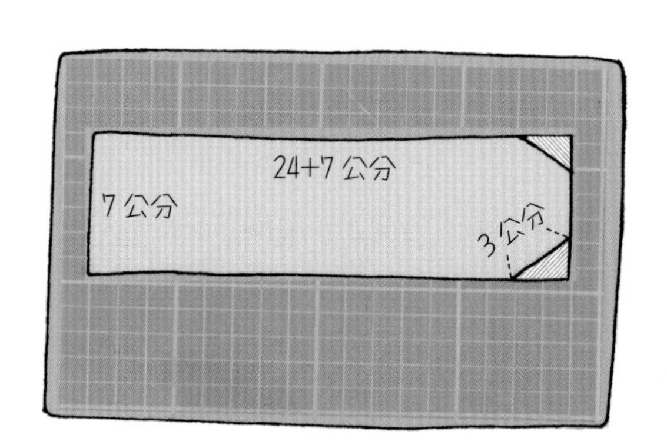

4 在切割墊上用美工刀將邊角的三角形切除

5 另切一片約 2.5 公分 X13 公分的皮革作為把手。

6 測量出杯套的中點（重疊處不列入計算），在背面距離上下邊各 1 公分處做兩個記號點。使用打洞器在符合鉚釘尺寸的正確標記處打洞。

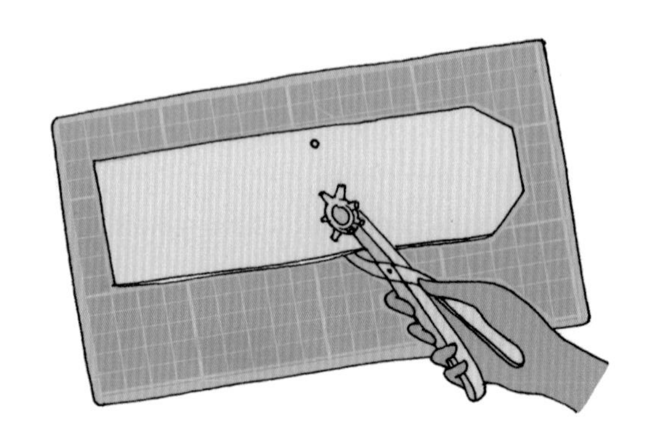

7 將手把的皮片短邊往內折 1 公分，在折線下方的中央打洞。

8 將手把安裝在杯套上，在皮革下方墊鐵塊，先將公鉚釘穿過杯套及把手，推進母鉚釘裡，再用安裝工具及鐵槌敲打鉚釘使其密合。另一邊的洞也重覆這個流程，以將手把固定。

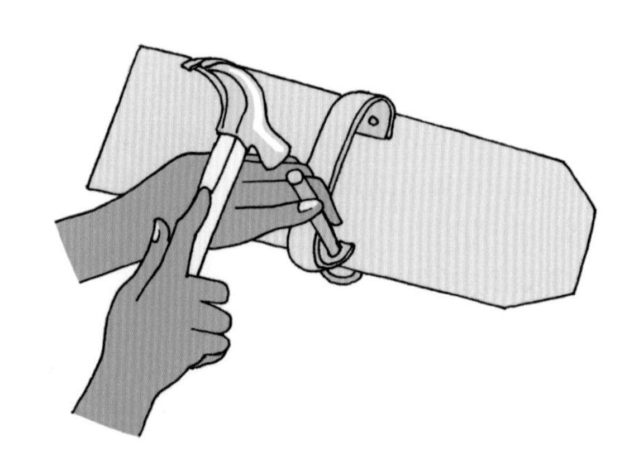

9 在杯套重疊部分的末端打兩個洞。

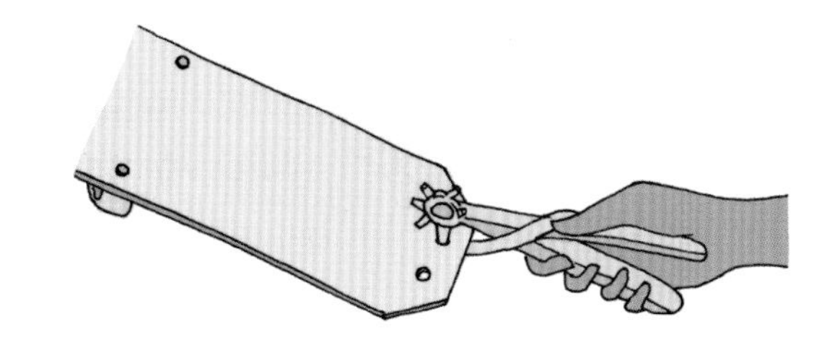

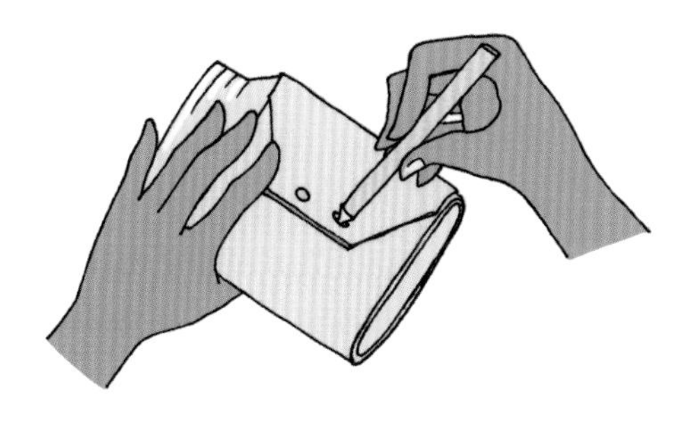

10 把杯套盡量包緊玻璃罐（這是要確保玻璃罐不會從杯套中滑掉），用鉛筆在孔洞對應的位置做記號。

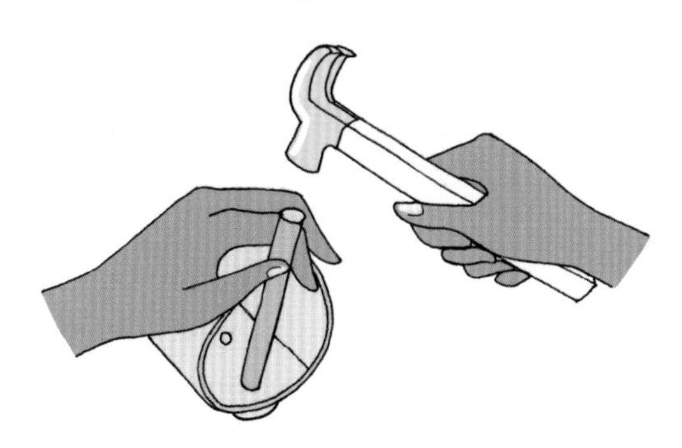

11 打兩個洞後，將公鉚釘穿過杯套及封口皮片，套上母鉚釘，像之前那樣用鐵鎚敲下去。另一個洞也重覆這樣做，然後把杯套套進玻璃罐，開始來泡咖啡！

QUICK IDEAS

木製把手玻璃罐

這個木製把手的作法超級簡單，因為就只是個黏在玻璃罐上的木製把手。除了玻璃罐，另需要一個寬度不超過玻璃罐高度的木製把手，以及一條強力膠。在欲黏上把手的玻璃罐位置做記號，擠些強力膠在把手上，將其黏在正確位置。停留 30 秒，直到黏膠固定後再放開。也可用紙膠帶繞著把手和玻璃罐黏，藉此固定位置等膠完全乾。記住，這個杯子只能手洗，若用洗碗機洗的話可能會使把手鬆脫。

植栽吊飾

Hanging PLANTERS

垂直的植栽是增添綠意的好辦法，即使最小的客廳和陽台也能用上。這個植栽吊飾只需要一點點空間，想放幾層就放幾層。在客廳，可放多肉植物看起來會很棒；也可做個廚房植栽，在裡面種些香草植物，例如百里香和薄荷；亦可用顏色艷麗的花朵在陽台做個花園吊飾。要注意玻璃罐罐頸要比罐底寬，否則玻璃罐會無法卡住木製的支撐板直接滑下去。若想把植栽吊飾掛在室外，則須確認所選的木頭是否能耐受寒暑風雨。

所需材料：

- 木板（長 45 公分，寬 12 公分）
- 捲尺
- 鉛筆
- 3 個玻璃罐（500 毫升，罐子上半部須比底部寬）
- 圓規
- 木頭專用電鑽
- 線鋸
- 砂紙
- 油漆
- 油漆刷
- 細繩（6 公尺）
- 紙膠帶
- 小圓石
- 植栽用土
- 3 株植物

1 分別在 15 公分、30 公分、45 公分的木板位置，畫 3 道鉛筆線（畫在平滑面），這些線最後會切成 3 層 木 板。先在整片的木板上鋸出圓形後，再將木板切成 3 片會比較容易操作。

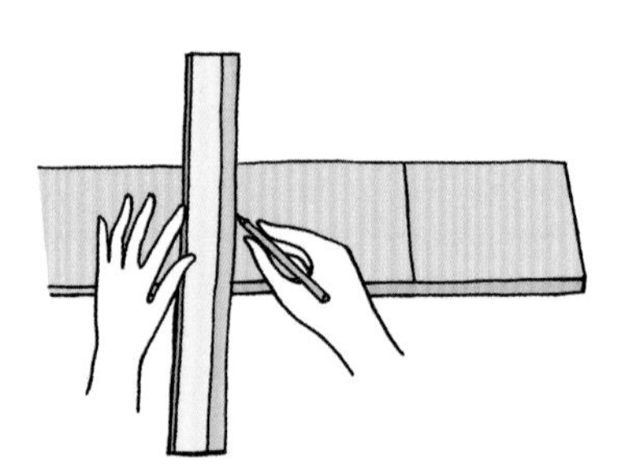

2 於測量罐頸下方約 2.4 公分處的圓周長。計算所須在木頭上鋸出的圓形半徑：圓周長 ÷3.14（這個數字又稱作 π）÷2。
算好後記下這個數字。

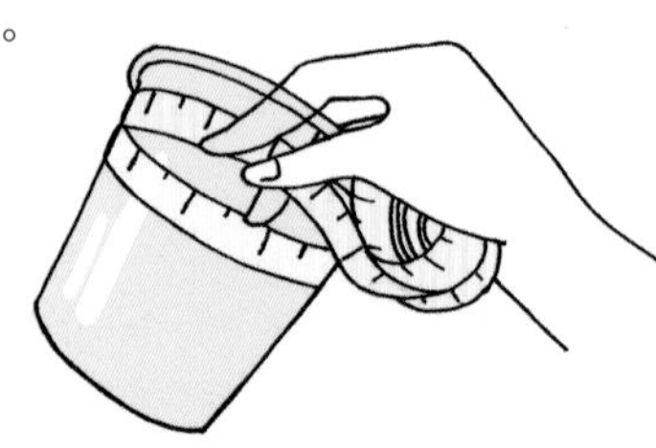

TIPS

請別嫌麻煩而輕易省略了步驟 2 和 3，直接拿罐子倒扣在木板上沿罐頸畫圓。這會讓洞開得太大，玻璃罐會從洞的中間滑下去

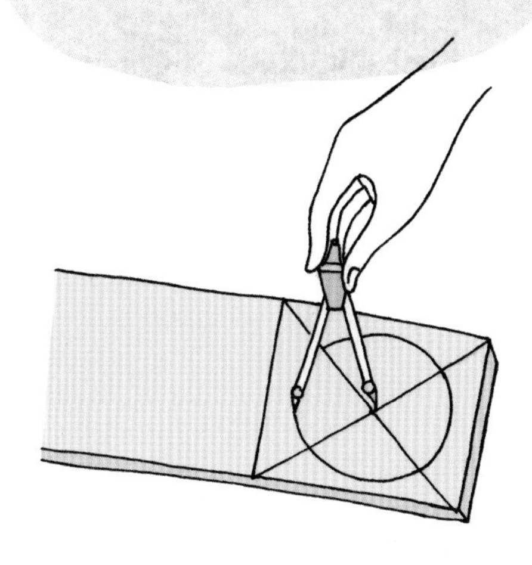

3 用鉛筆在木板上的三塊區域裡各畫出兩條對角線，找出各自的中心點。圓規上裝上鉛筆，將筆尖跟圓規針腳的距離，設定成在「步驟 2」最後所記下來的半徑長度。把圓規針腳放在鉛筆對角線的交會點後畫個圓，剩下的兩個區域也都依此照做。

TIPS

若沒有圓規，可用一條線綁著鉛筆做個臨時圓規，再用圖釘將繩子釘在對角線的交會點上。繩子的長度要與「步驟 2」最終所記的測量長度相同。

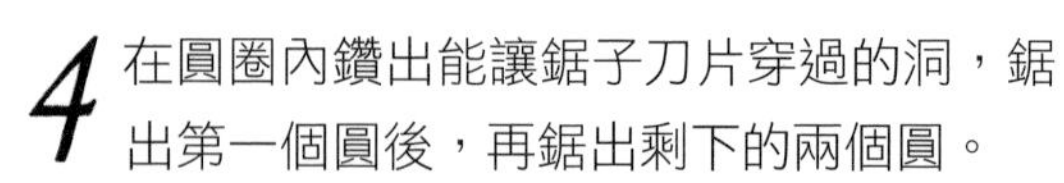

4 在圓圈內鑽出能讓鋸子刀片穿過的洞，鋸出第一個圓後，再鋸出剩下的兩個圓。

5 沿著垂直線，鋸開木板上的三塊區域。用砂紙打磨所有粗糙的邊緣。

6 將三片木塊上漆。我用的顏色是海鷗藍，很能襯托綠色植物。等漆乾後，若有必要再上第二層漆。

7 在木塊的四個邊角都鑽洞，將吊繩穿過這些洞：先用鉛筆在每個離邊角約 1 公分處做記號，要確認這些洞夠大，能讓繩子穿過去。

8 剪四條長約 1.5 公尺的繩子，用紙膠帶包住繩子末端的切口，防止磨損。

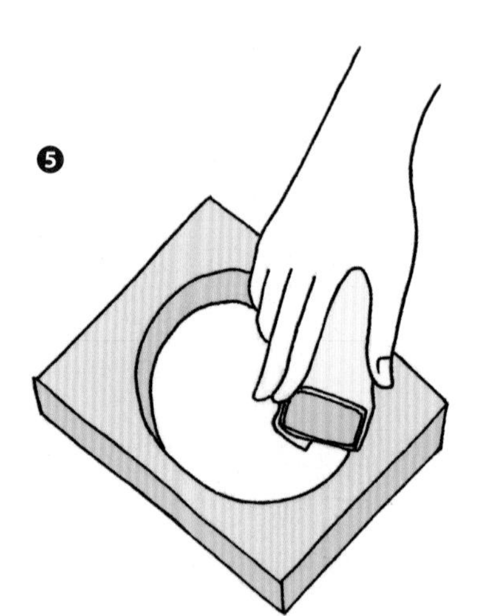

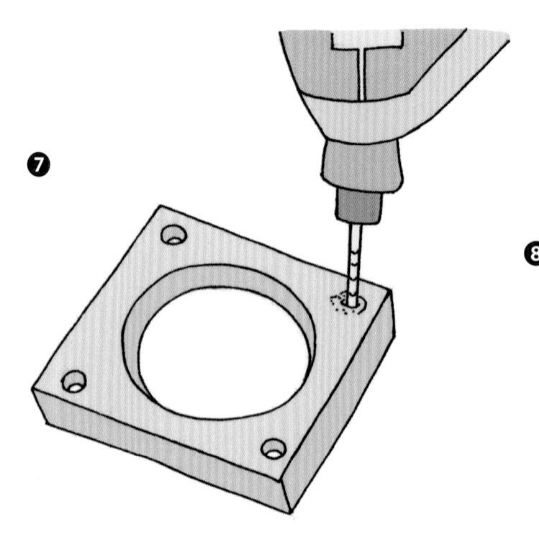

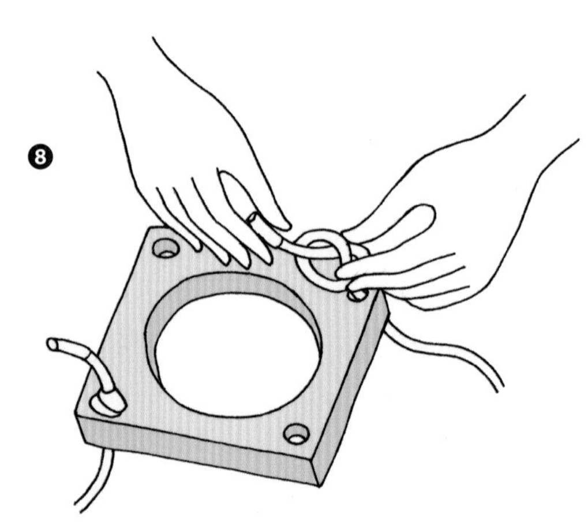

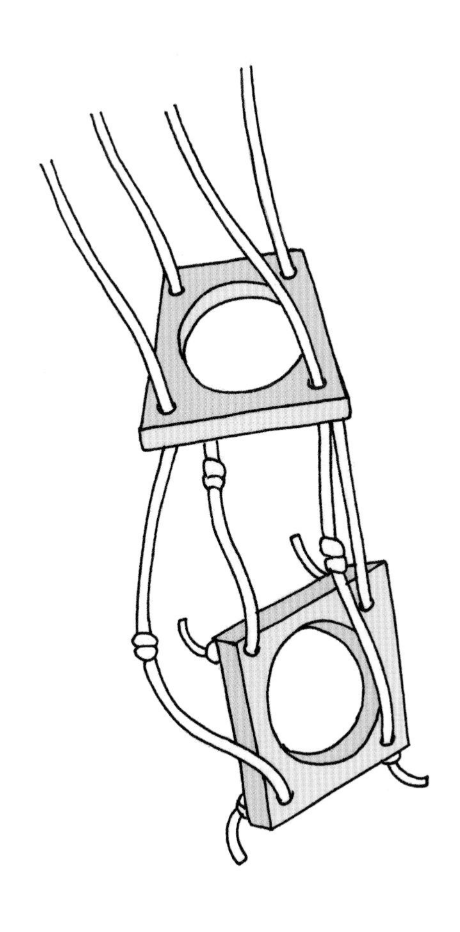

9 把繩子穿過其中一片木片，在末端打結。剩下的三條繩子也是如此。

10 從繩子穿過的木片算起，在距離約 20 公分處，再打另外一個結（每條繩子都要打結）。續將繩子穿過第二片木片。用相同的方式將繩子再打結，接著穿過第三片木片。

11 將三片木片全都固定好後，四條繩子拉在一起打結固定。打結處應距離最上層木片約 30 公分。接著拿掉繩子末端的紙膠帶。

12 在玻璃罐底部裝一層薄博的小圓石（因為容器底部沒有洞，小圓石能夠幫助排水）。加一層植栽用土在小圓石上面，把植物放進玻璃罐裡，周圍再用更多土填滿並壓緊壓實。

13 把植栽玻璃罐放進木製吊架，將植栽吊在窗簾桿上或掛鉤上。

牛奶瓶燈飾

Milk bottle LIGHT

準備好燈罩和照明燈具，就能將空牛奶瓶立刻改造成時尚桌燈！彩色的編織電線則能讓平凡的玻璃瓶迸出一抹色彩。牛奶瓶的尺寸會決定燈罩的大小，不要用太大的燈罩，否則燈會倒下來。這個作品需要插電式燈具，若沒有連接線路的經驗，建議先行請教水電師傅，以確保安全。

1 先確認燈具與牛奶瓶的瓶口是否相合。將燈具底部懸吊於瓶內，其餘卡住瓶口。

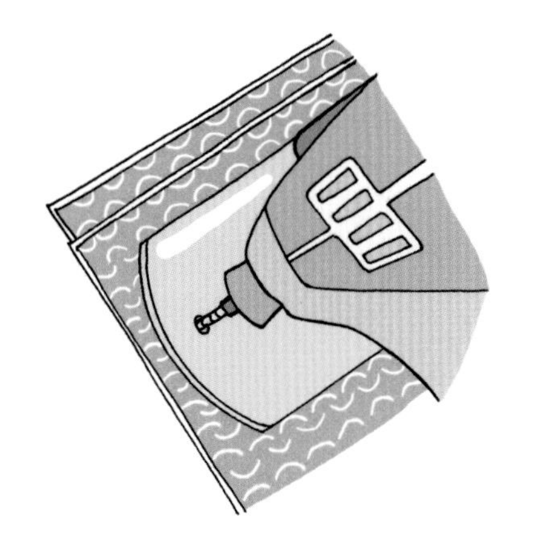

所需材料：

- ☑ 牛奶瓶
- ☑ 塑膠燈具
- ☑ 附有鑽石鑽頭的電鑽
- ☑ 彩色編織電線（附插頭及開關）
- ☑ 電線鎖線扣（白色或透明）
- ☑ 強力膠
- ☑ 紙膠帶
- ☑ 螺絲起子
- ☑ 燈罩
- ☑ 燈泡

2 參考第 10 頁作法，在距離瓶底 2 公分處鑽洞，大小須足以安裝鎖線扣（鎖線扣能避免電線被猛然一扯時就拉出燈具外）。我發現最簡單的方式，就是把瓶子放在廚房水槽，用濕毛巾將其固定。再用低轉速鑽洞。請勿對瓶子施加壓力。用水讓瓶子保持冷卻，以降低瓶子破裂的機率。

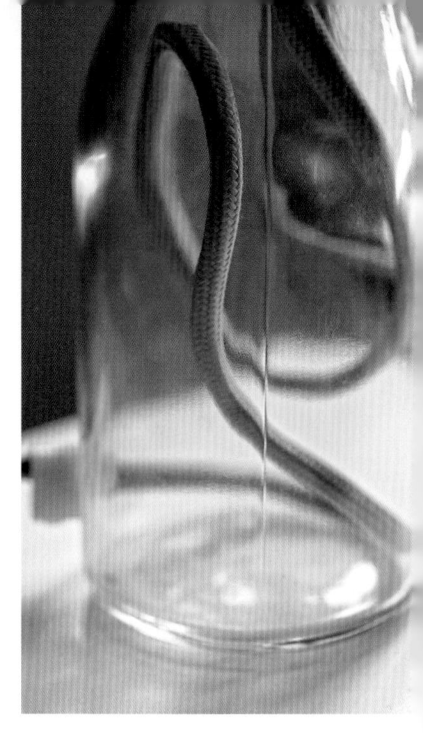

3 將電線穿過鎖線扣及鑽好的洞，往上拉穿過瓶口。再請水電師傅接上電線及燈具。

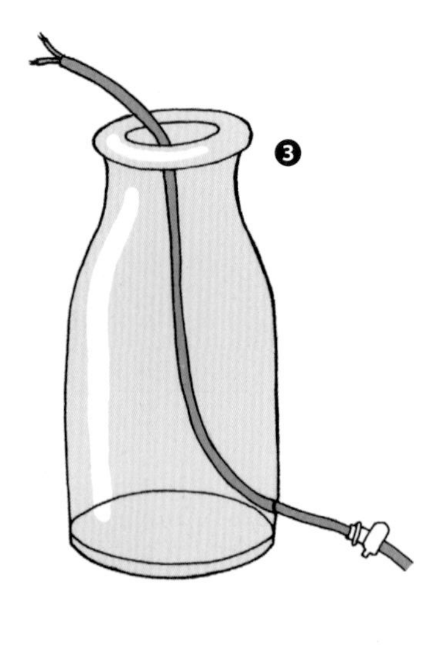

4 用強力膠把燈具黏進無蓋的瓶子，確認燈具保持水平。再用些許紙膠帶固定燈具位置後，等待膠乾。

5 確認牛奶瓶內有足夠長的電線，能製作合適的環形造型後，用強力膠將鎖線扣黏在瓶子上。接著用一段紙膠帶固定鎖線扣的位置，等待膠乾。黏膠固定後，轉緊鎖線扣。

6 蓋上燈罩裝燈泡即可完成。

TIPS

要改造沒有花紋的燈罩，可用馬克筆在一塊布上隨意創造，再貼於燈罩上。

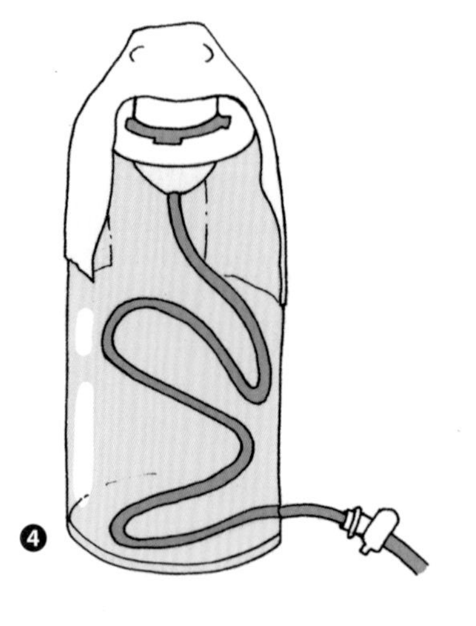

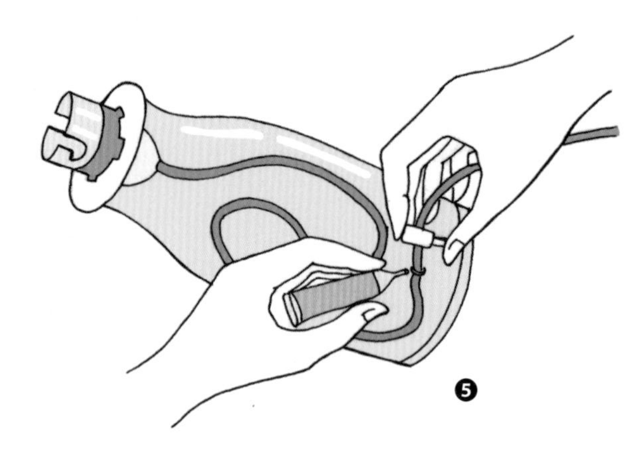

繩結編織套

Knotted COVER

用一個編織套就可輕鬆使玻璃罐的外觀截然不同，可用手編、鉤針或繩結法來製成。為讓玻璃罐能帶點現代感，此示範所採用的是「傘繩」。傘繩是很好操作的材質，也有各式各樣的顏色。除了可當作裝飾品，也可以拿它來當作花瓶或在裡面放個小蠟燭，就能變成燈籠。

所需材料：

- ☑ 玻璃罐
- ☑ 捲尺
- ☑ 傘繩（此示範約用 13 公尺）
- ☑ 剪刀
- ☑ 打火機
- ☑ 鉗子（非必要）

1 測量玻璃罐高度，剪 10 條長度為罐子高度 7 倍的繩子。此示範罐子高度為 18 公分，以前述公式類推，剪 10 條長為 126 公分的繩子。

2 剪一條長約 20 公分的繩子，作為底部繩圈。小心地用打火機燒切口，燒完後把兩端壓在一起，趁熱做成一個圈（也可用鉗子或是手指來壓）。

3 把 10 條線其中一條折成兩半，將對折處放在底部繩圈下，繩子兩端則穿過對折處的洞，拉出後變成繩圈上的一個結。

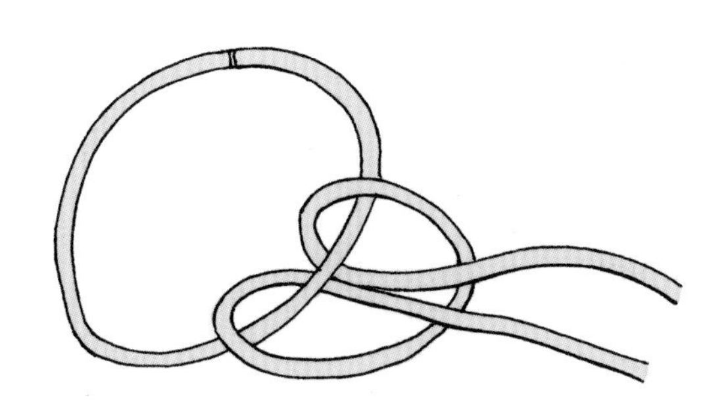

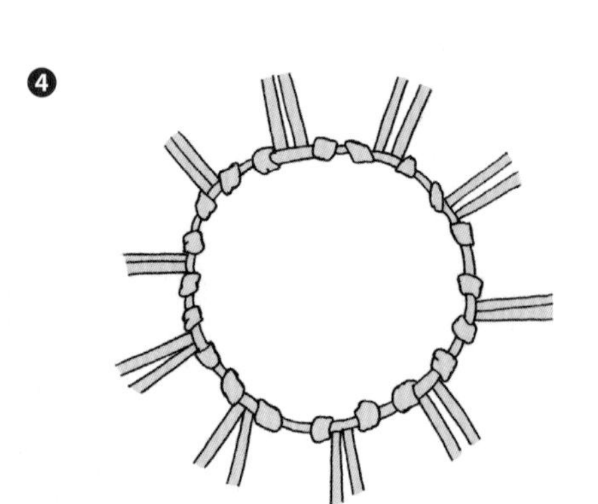

4 把另外的 9 條線用相同的方式在繩圈上打結，並確認這 10 個結平均分布在繩圈上。

5 將玻璃罐放在繩圈上面，繩結呈扇形往外散開。拿起其中一個繩結的左繩，與其左邊的繩子打結（打結方式請見下方圖示）。

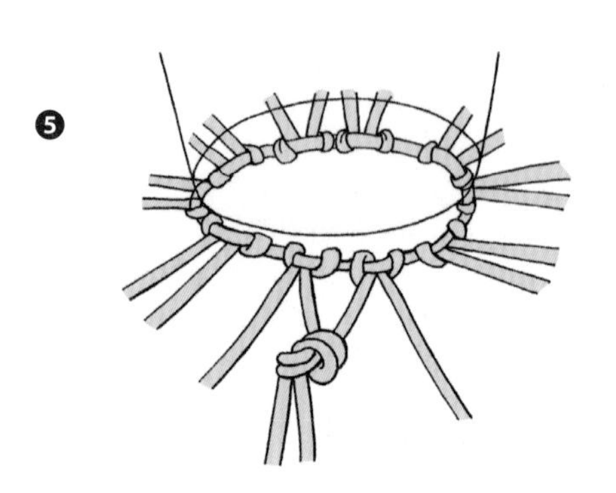

6 依順時鐘方向，用此方式把每個結的繩子都與隔壁的繩子打結。

7 打好也固定好第一輪的繩結後，繼續用同樣的方式打第二輪。須時時確認這個編織套是繞著罐子緊緊地打結。

8 繼續打結直到罐子頂端，此示範罐共打了 5 圈的繩結。

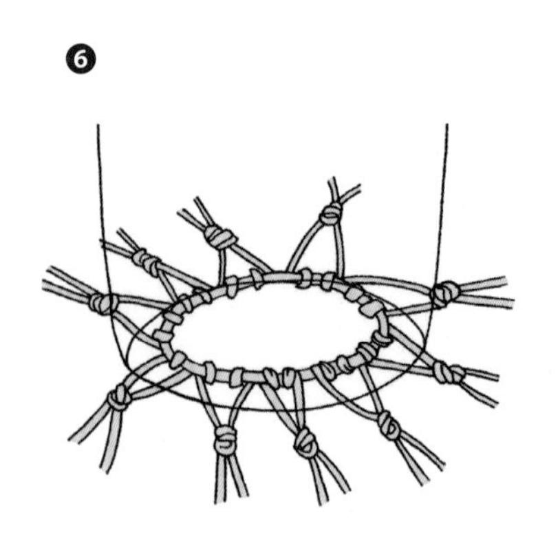

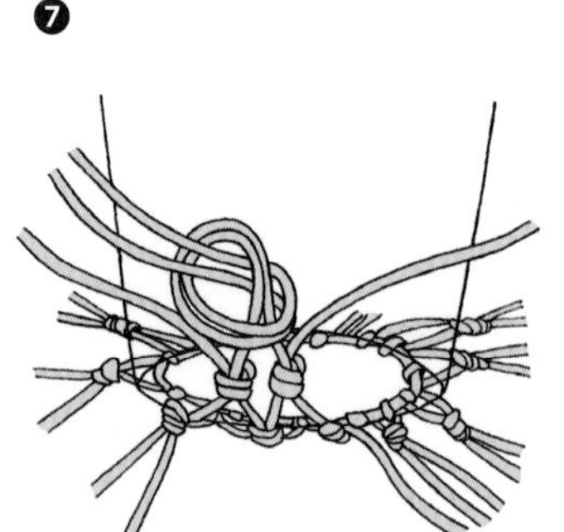

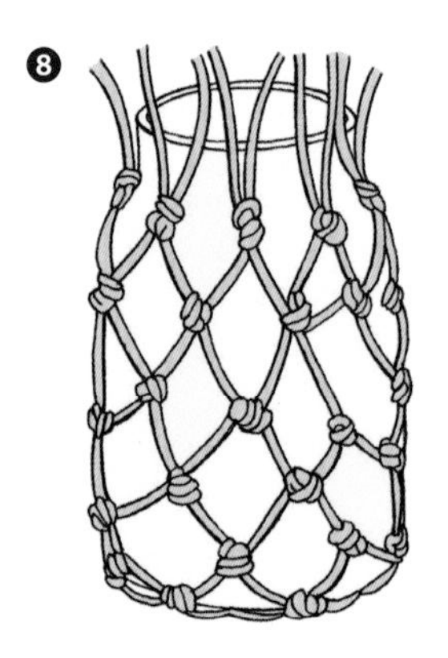

9 在距離最後一個繩結的 3 公分處將繩子剪斷。用打火機燒一下繩子末端，燒好後把兩條繩子捏起來黏成一個小圈（可用鉗子夾或手指去捏）。

10 另外剪一段約 20 公分長的繩子，並把它穿過「步驟 9」。將這條繩子繞著罐頸盡量拉緊後，繩子兩端打結，最後僅留 0.5 公分的繩子長度。

❾

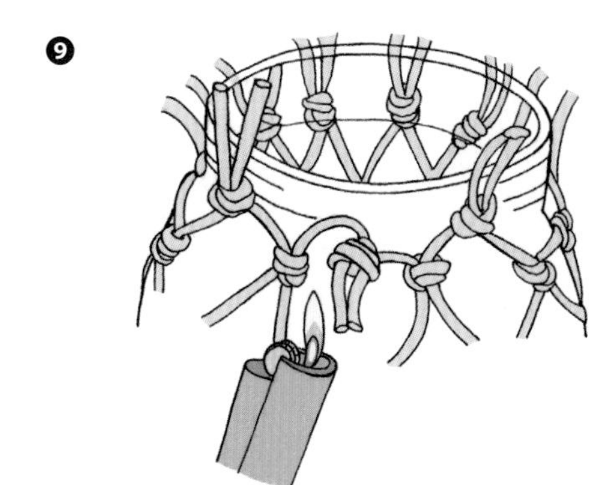

❿

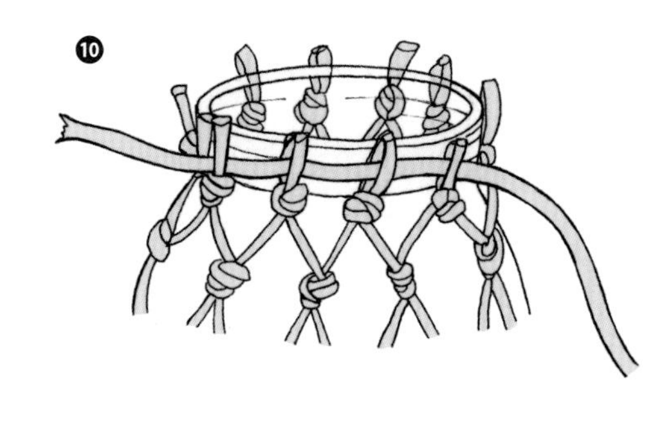

QUICK IDEAS

迷你植栽罐

大型玻璃罐的最佳利用辦法之一，就是把它改造成植栽容器。多肉植物已風行很多年。利用精緻的粉紅火鶴及白色裝飾沙，可讓桌上有個迷你沙灘風景。比較小的玻璃罐裡或許還能放個小恐龍公仔，讓牠從多肉植物森林裡竄出怒吼。栽種前，記得先確認玻璃罐夠大，才能讓植物順利生長。

所需材料：

- ☑ 大玻璃罐
- ☑ 小圓石
- ☑ 植栽用土
- ☑ 小型植物（如 多肉植物）
- ☑ 裝飾用的白色細沙
- ☑ 更小的小圓石或砂礫
- ☑ 小裝飾物

作法：

1. 首先，在玻璃罐底部放一層小圓石，這有助於排水，避免土壤泡在水裡。

2. 在上面鋪一層植栽用土，擺好植物。在植物周圍蓋一層土並壓實後，再加一層裝飾沙或小圓石。

3. 在植物周圍擺上裝飾品，創造與眾不同的趣味效果。

4. 小心地幫植物澆水，盡量別弄亂沙子或小圓石。挑選植物時，多肉植物和仙人掌是不錯的選擇，因為他們不太需要澆水。

紙製花瓶套

Paper vase COVER

紙套就能把一只普通的玻璃罐變成復古風花瓶，黑白圖樣的花瓶不僅能將花朵襯托出來，也可將趣味帶進房裡。可參考第 125 頁的紙型來做，當然也可使用自己的創作。我習慣使用美術紙來製作花瓶套，雖然凹凸不平的紙面會比較難在上面畫出非常直的線，但其紙質能增添作品的立體感。若希望能較好畫，選擇平滑的紙張較妥當。

所需材料：

- ☑ 紙型（參見第 125 頁）
- ☑ 2 張白色美術紙（A4）
- ☑ 黏性低的膠帶
- ☑ 黑色簽字筆
- ☑ 剪刀
- ☑ 玻璃罐
- ☑ 針
- ☑ 符合紙張顏色的縫線

TIPS

調整圖樣尺寸來符合玻璃罐的大小很容易，只要確認紙張比玻璃罐再寬一點、長一點即可。

1 影印第 125 頁的紙型。由於畫出來的花瓶須符合所使用的紙張大小，故請調整成合適的尺寸。也可以直接畫自己想要的設計。

2 兩張紙都按照紙型描繪圖樣。最簡單的方式是把紙型用膠帶貼在窗戶上，然後把美術紙蓋在上面，透過窗戶的光線可讓描線工作更為輕鬆。

3 把兩張紙同修剪成符合玻璃罐高度的大小。

4 兩張紙背對背，正面朝外，將紙縫合起來。要確認兩張紙的花瓶瓶口都朝上。使用雙縫線縫合，一開始先在其中一邊的底部的同一個點縫幾針用以固定，然後沿著邊邊用平針縫縫合紙張。到頂端時在同一個點再縫幾次，確保縫線固定。

5 另一邊重複「步驟 4」，接著將紙套進玻璃罐即可。

染色玻璃罐

Dyed GLASS

改變玻璃容器的顏色，可以讓它們的外表煥然一新。將一批不同形狀大小的玻璃瓶罐全染色，然後如照片所示全放在木製餐盤上效果會最棒。要注意的是，因玻璃罐塗有亮光膠，一旦染了色，就不再適合當作飲水用具或儲存食物喔！但它非常適合用來展示小飾物或鮮花。（此作品需要用到烤箱）

所需材料：

- ☑ 不同形狀大小的玻璃瓶罐
- ☑ 紙杯
- ☑ 舊湯匙
- ☑ 亮光膠
- ☑ 食用色素
- ☑ 紙板或報紙
- ☑ 烤盤
- ☑ 防油紙或烘焙紙
- ☑ 隔熱手套

1 洗淨玻璃罐，確認所有標籤及保存期限日期印記都已刷掉（標籤清除法請見第10-11頁）。

2 將4湯匙的膠、2湯匙的水及3滴食物色素（若想要顏色深一點就多加幾滴）放進紙杯混合。把調好的顏料倒進玻璃罐，讓顏料在玻璃罐內盤繞，確認所有玻璃都染上顏料後，再將多餘的顏料倒回紙杯裡。

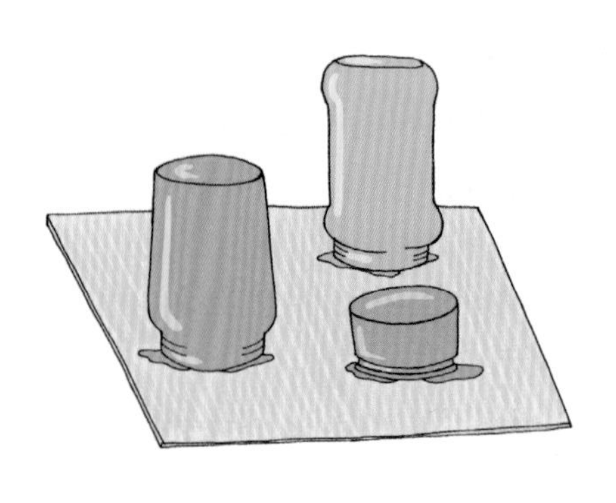

3 把玻璃罐倒扣在紙板上或報紙上，使多餘的顏料滴下來，大概晾乾約10分鐘。重複「步驟2」，將其他玻璃罐都染上想要的顏色。可多試試不同的顏色深淺度。

4 將烤箱預熱至攝氏 110 度。烤盤上鋪上防油紙，把罐子倒扣在紙上送進烤箱烤約 10 分鐘。

5 戴上隔熱手套，從烤箱拿出烤盤，小心地把玻璃罐翻正（若防油紙上有沾到顏料就換一張），送回烤箱再烤 20 分鐘。

6 待所有滴狀顏料都消失，即代表染色罐已完成。使用罐子前記得先讓其冷卻。

TIPS

圖中玻璃容器包括果醬罐、飲料瓶、醬料罐以及小燈座。

吊燈

Hanging LIGHT

我愛死這個吊燈了！ 這個燈不但用亮眼的鮮豔顏色來改造，還具有工業風造型。彩色編織電線，配上黑金屬色的燈罩就能形成強烈對比（我尤其喜歡示範作品中的亮黃色）。不需要添加任何色彩，玻璃罐的原色就能營造很棒的燈光，特別是把一堆罐子聚在一起時更為亮眼。要注意的是，除非自己熟悉電力技術，請勿嘗試任何自己不熟悉的電力作業，以安全為重。

所需材料：

- 彩色編織電線（以及相合的燈具）
- 有螺旋蓋的大玻璃罐
- 簽字筆
- 電鑽和鑽頭
- 金屬切割機
- 黑色塗漆（或黑色指甲油）、油漆刷
- 復古的愛迪森燈泡
- 與玻璃罐相合的黑色金屬燈罩

1 因為吊燈連接著天花板的接線盒，所以電線不需要另接插頭。倘若電線沒有附燈具，就請水電技師幫忙加裝。

2 用簽字筆在玻璃罐蓋子的中央做記號，在蓋子的中央鑽一個大洞（參見第 11 頁）。

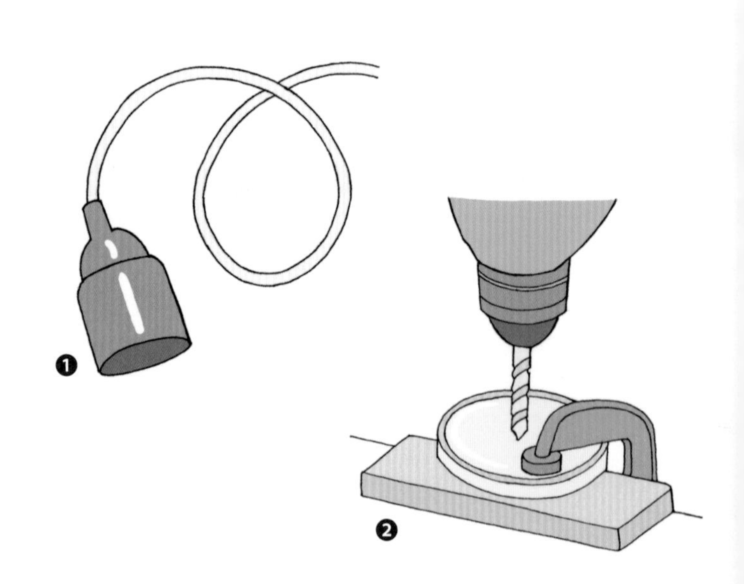

3 用金屬切割機把洞挖大，讓電線末端的燈具能穿過去。切割過的金屬邊緣會非常銳利，須謹慎小心。

4 在中央洞口的兩邊各鑽一個通風小洞。這兩個洞有其必要，可防止玻璃罐因電燈長時間開啟而過熱。

5 用噴漆把蓋子漆成黑色（或可用黑色指甲油來上色），等待它乾。

6 轉開燈具的上下零件，把上半部卡進蓋子（要確認蓋子朝下），再將燈具的下半部鎖回蓋子下。

7 將燈泡鎖進燈具，然後把燈泡放在玻璃罐內，轉緊蓋子。

8 把電線穿過燈罩，請水電師傅把電燈的電線接到天花板的接線盒內。

❸

❹

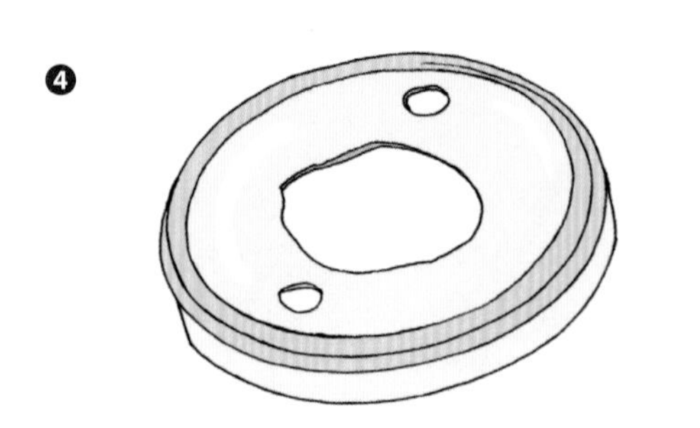

❻

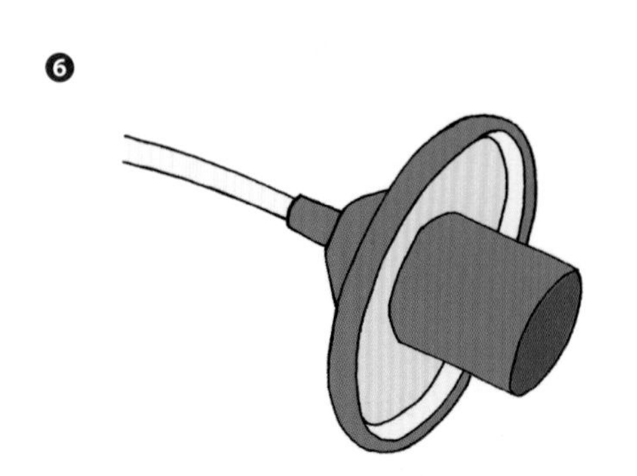

❼

TIPS

此作品需要非常大的玻璃罐，這樣玻璃裡的燈泡才不會因過熱發生危險。同理，在蓋子上鑽出通風洞口也一樣重要。

水泥花器

Cement VASE

水泥是在居家裝潢加入工業風格的好方法。這次不是把水泥倒進玻璃罐裡（請見第 29 頁），而是用在玻璃罐周圍。平時可蒐集一些造型不錯又能裝得下玻璃罐的塑膠盒或是蠟膜紙盒吧。我喜歡用速硬水泥，不過這也表示放玻璃罐時必須動作快速。

所需材料：

- ☑ 舊湯匙
- ☑ 舊攪拌碗
- ☑ 速硬水泥材料
- ☑ 防護面罩
- ☑ 護目鏡
- ☑ 塑膠容器
- ☑ 玻璃瓶或高瘦的玻璃罐
- ☑ 餐巾紙
- ☑ 細砂紙

1 在碗裡加水後，用舊湯匙攪拌混合速硬水泥粉。調好的水泥濃稠度應該跟優格一樣。

2 把些許調好的水泥迅速地倒進模型底部，然後輕敲模子以消除氣泡。接著把玻璃瓶放進模子裡，確認瓶子都直立站好。

3 把剩下的水泥倒進模型直到想要的高度為止，同樣輕拍模子四周消除所有氣泡。再用餐巾紙擦除濺在瓶子上的水泥。

4 依照所使用的水泥等待凝固。大概需花半天至幾天不等，請依據材料包上的指示操作。

5 待水泥完全硬化後，用美工刀小心地把模型切開剝除。再用細砂紙磨平所有粗糙的邊緣後，花瓶就完成了！

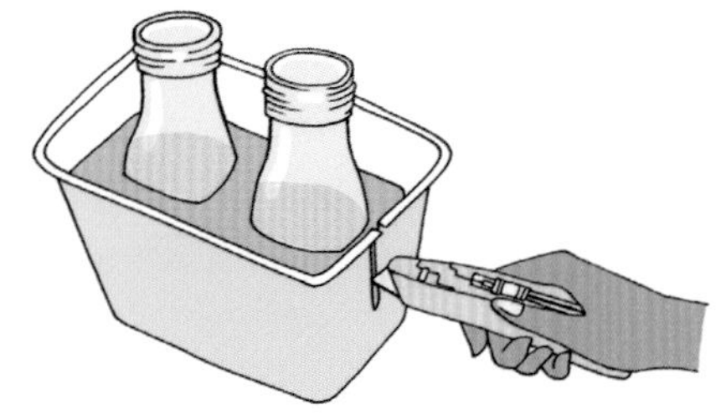

CHAPTER 3
花園布置

祈禱小燈

Tea light VOTIVES

淺底的玻璃罐，大多都拿來做焦糖布丁，不過也可以有很不一樣的用途。將濃淡不一的彩色指甲油在罐子裡攪拌，可製造暈染效果，接著在玻璃罐裡點亮迷你蠟燭，罐裡的火焰可增加罐外顏色的鮮明度。此祈禱燈的製作方式非常簡單，任何主題布置都很適合。

所需材料：

- ☑ 不同顏色的指甲油（2 至 4 種）
- ☑ 去光水
- ☑ 塑膠容器
- ☑ 小玻璃罐
- ☑ 烘焙紙
- ☑ 棉花棒
- ☑ 迷你蠟燭

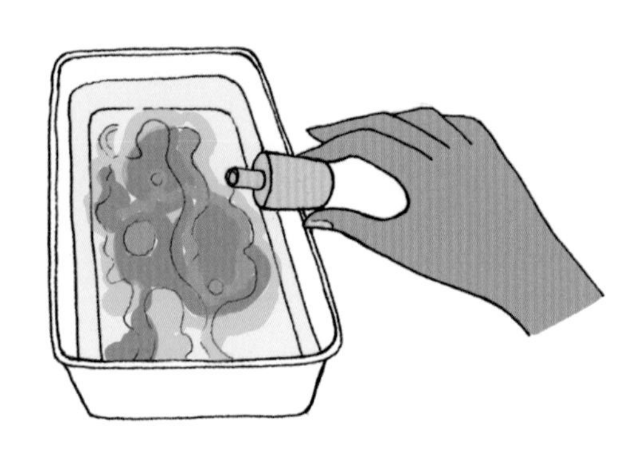

1 任何不同顏色的指甲油，都可混合出賞心悅目的顏色。每一個祈禱小燈需要 2 至 4 種顏色。

2 將塑膠容器裝進約四分之三的冷水，再滴進一些指甲油。可任意揮灑創作想要的繽紛圖樣。

3 捏住小玻璃罐的罐口邊緣，小心地泡進塑膠容器裡，並須確保罐頸部分不要泡到水。指甲油會很快地附著於玻璃罐上。將玻璃罐倒扣，讓它乾燥一個小時。浸泡時，須確認工作檯面有層紙張保護桌面（可使用烘焙紙），如此指甲油才不會黏在桌面上。

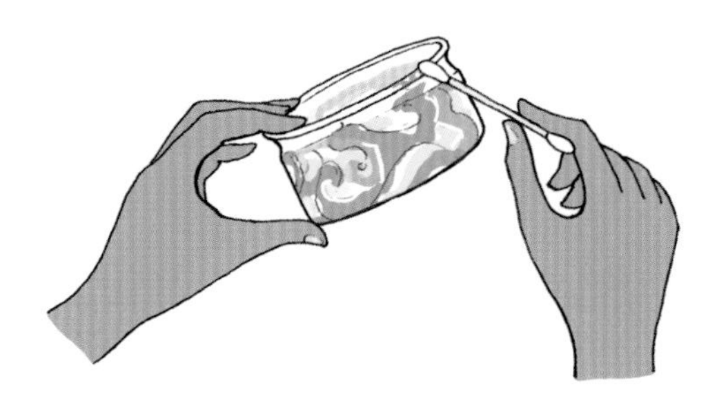

4 若想要有一組同款的祈禱小燈，就把更多玻璃罐泡進同一個塑膠容器裡，或是用不同的顏色組合重新再做一次。指甲油乾了後，滴一小滴去光水在棉花棒上，去除罐頸上沾到指甲油的污漬或色塊。

5 將罐頸塗上單色指甲油，可能需要塗2至3層（須等一層乾了之後再塗另一層）。完成後，再放進迷你蠟燭並點燃。

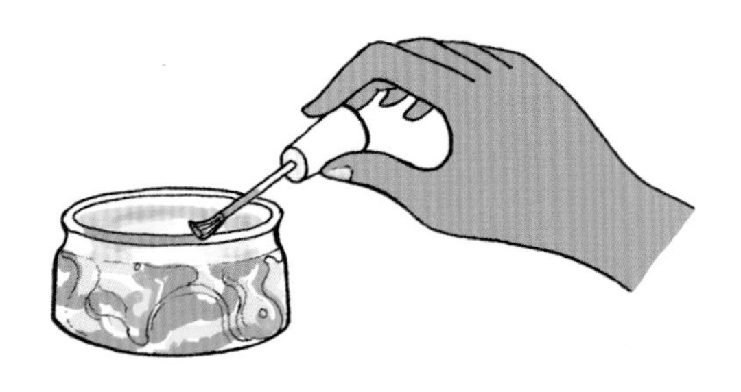

太陽能燈柱

Solar LIGHT POST

這個巧妙的創意燈飾，會在傍晚時讓人驚豔，因其不只可營造氣氛還能照亮步道。用舊木地板包覆的燈柱能讓光與花園融為一體，若想把木頭上色改造成較為現代的外型也行。這個燈是用花園的太陽能插泥燈來製作，最棒的一點是它不需要用電，只要用簡單的木作技巧就能完成。

所需材料：

- 鉛筆和紙
- 量尺
- 與太陽能板相合的無蓋玻璃罐
- 木板（此示範用到 2 片）
- 附有木頭鑽頭的電鑽
- 線鋸
- 砂紙
- 鑿子
- 鐵鎚
- 紙膠帶
- 木用黏膠
- 木用螺絲
- 螺絲起子
- 釘子

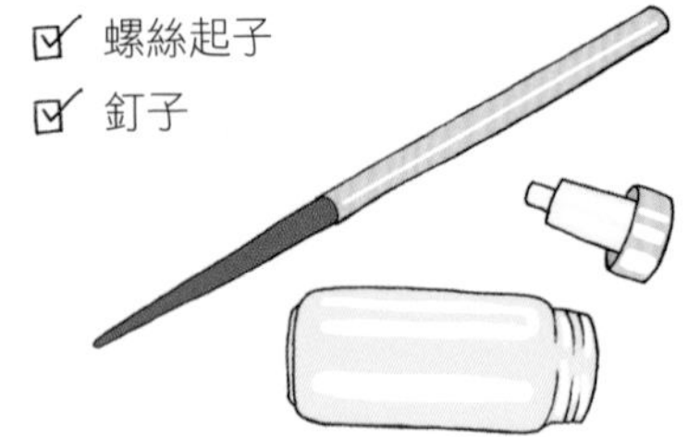

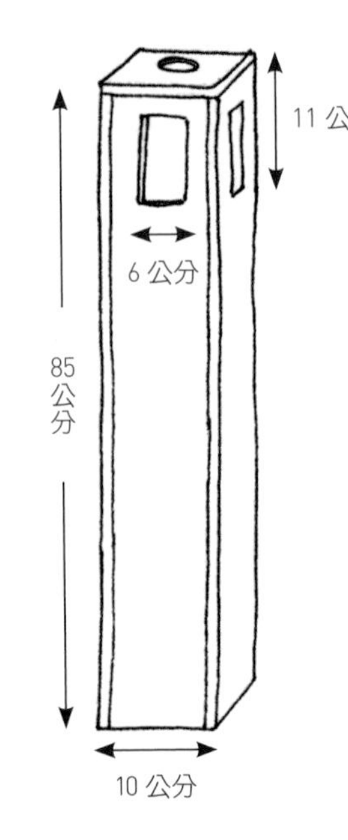

1 以左圖說明當作範本，請依玻璃罐大小調整合適的燈柱尺寸。需有 4 面垂直木板，加上 1 片長方形蓋子。左圖木板寬為 10 公分，高 85 公分，厚 2 公分。蓋子尺寸為 10 公分 X 15 公分。

2 依尺寸鋸下木板。在鋸下前要再三確認尺寸。

3 把太陽能燈的燈桿拿掉，剩下太陽能板和下面的燈泡。須確認這些零件能塞進玻璃罐罐頸。

4 把玻璃罐放在其中一片側邊木板上，讓罐子頂端（太陽能板頂端）約略與木片頂端對齊，再用鉛筆在木頭上畫一個長方形，標記窗戶的位置。這個窗戶需要比玻璃罐短、窄一點。此示範燈柱窗戶尺寸為 6 公分 X 11 公分。

5 在窗戶的區域鑽一個讓線鋸可以穿過去的洞，再把窗戶鋸出來，將窗戶的粗糙邊線磨順。剩下的 3 片側邊木板也照這樣做。

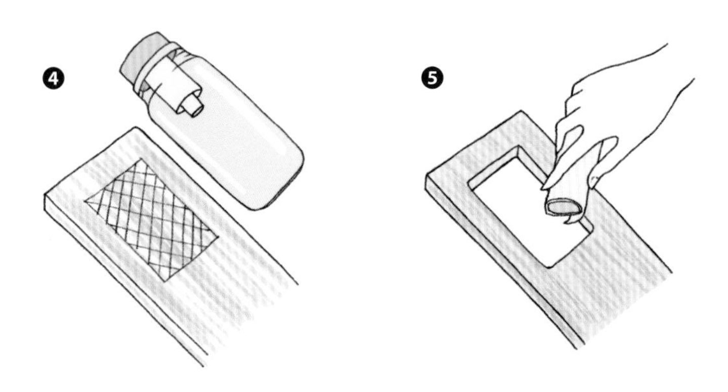

6 兩片側邊木板的內側，稍敲鑿成能固定玻璃罐位置的形狀。將玻璃罐放在窗戶上固定，沿著罐子的底部和頂部畫線，在劃記的線放上鑿子，用鐵鎚邊敲邊移動，小心地鑿去深約 1 公分的木頭後，再磨一磨粗糙的邊緣。另一片側邊木板也這樣做。

7 在蓋子中央畫出符合太陽能板大小的圓，一樣先鑽出可讓線鋸通過的洞後，將圓鋸出。並磨順粗糙的邊緣。

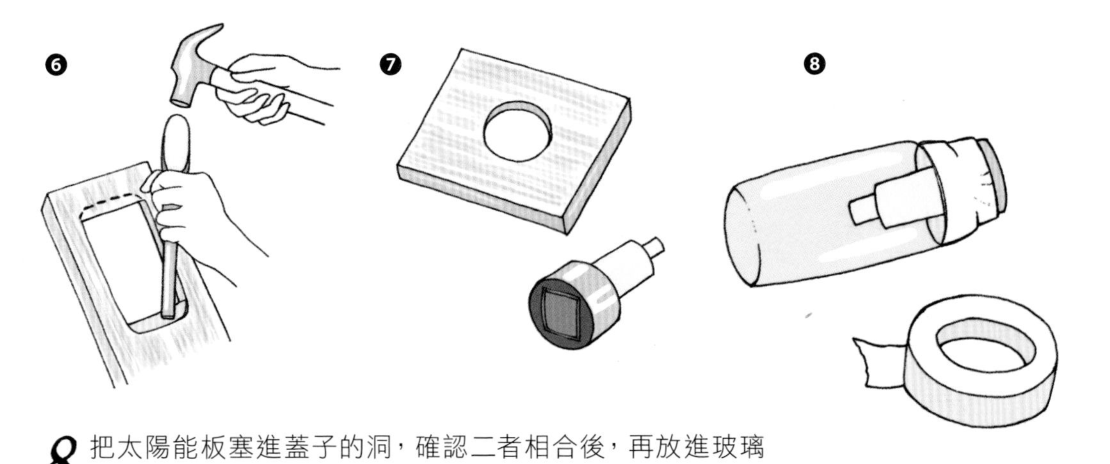

8 把太陽能板塞進蓋子的洞，確認二者相合後，再放進玻璃罐裡。用膠帶將瓶蓋與瓶口包起來黏在一起。

9 組裝柱子：測量沒有敲鑿過的兩片側邊木板由上至下的距離，等距做 5 個記號。此範例木頭厚度是 2 公分，在距離木板外側 1 公分處鑽洞。

10 將鑿過的兩片木板相對，與另外兩片鑽好洞的木板內側相接。把木頭用的黏膠塗在鑿過的兩片木板的邊緣，再與相鄰的鑽洞木片接合，並鎖上螺絲。鎖螺絲時，可先用紙膠帶將木板固定在一起。

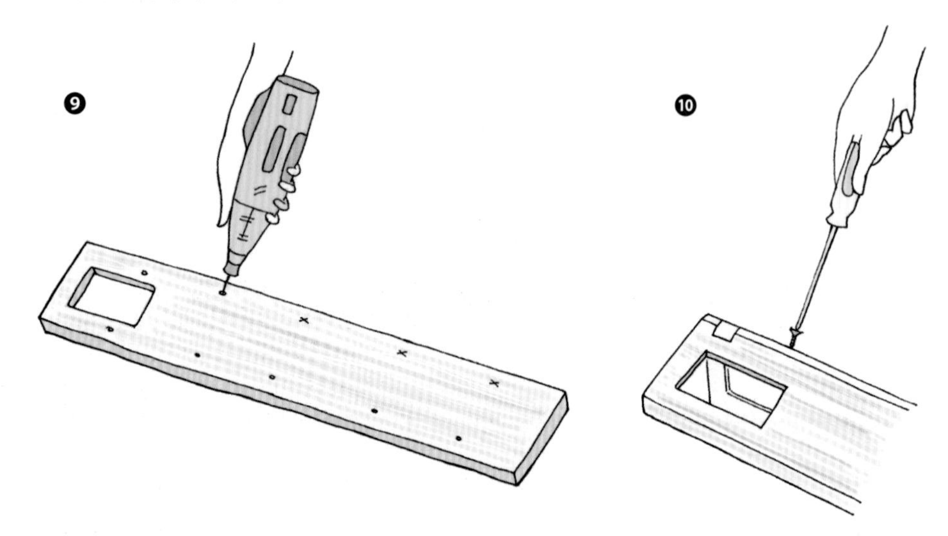

11 三片木板組裝好後，把用膠帶包在一起的玻璃罐及太陽能板塞進去。黏上第四片木板並鎖上螺絲固定。

12 將蓋子蓋在燈柱上，釘上釘子固定。

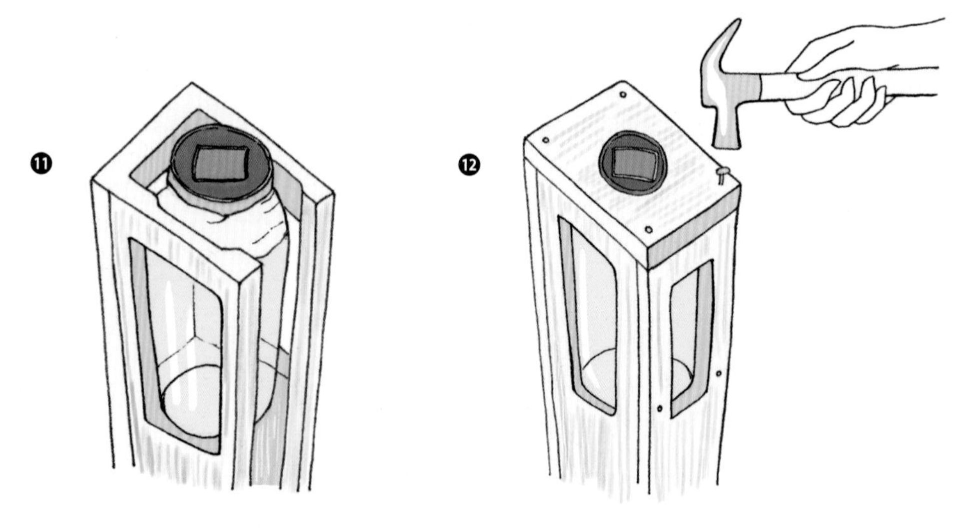

燈籠罐

lantern JAR

修剪花園的灌木叢或至野外行走時，蒐集一些筆直的小樹枝，可在此作品上發揮極大效用。製作這個燈籠所用的小樹枝來自一棵老樹，這些小樹枝擁有奇特的紋理，看起來就像佈滿了圓點花紋。此示範燈籠是用儲存醃漬物的中型玻璃罐來製作，可依所蒐集的小樹枝長度挑選合適的玻璃罐。

所需材料：

- ☑ 玻璃罐
- ☑ 筆直的小樹枝若干
- ☑ 修枝剪刀
- ☑ 一般剪刀
- ☑ 麻繩
- ☑ 迷你蠟燭

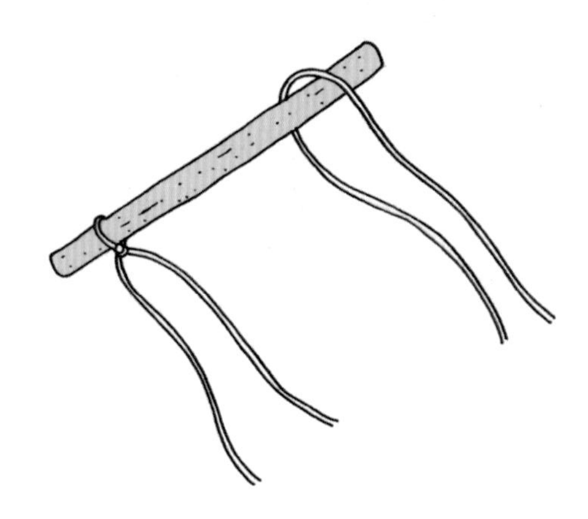

1 將小樹枝修剪成比玻璃罐高出約 5 公分的長度，記得要讓樹枝長度稍微參差不齊。刷掉樹枝上的泥土灰塵，修剪掉側邊突出的幼枝或葉子。

2 剪兩條麻繩，長度為玻璃罐周長的 4 倍。兩條繩子都對折。

3 把最短的樹枝（第一根樹枝）套進麻繩對折處後，在距離樹枝底部約 3 公分處將麻繩打結。另一條麻繩也在距離樹枝頂端約 3 公分處打結。

TIPS

如果手邊只有短樹枝，可以用來裝飾小的祈禱燈。若有大根樹枝，可以用玻璃花瓶做個大燈籠來裝蠟燭。

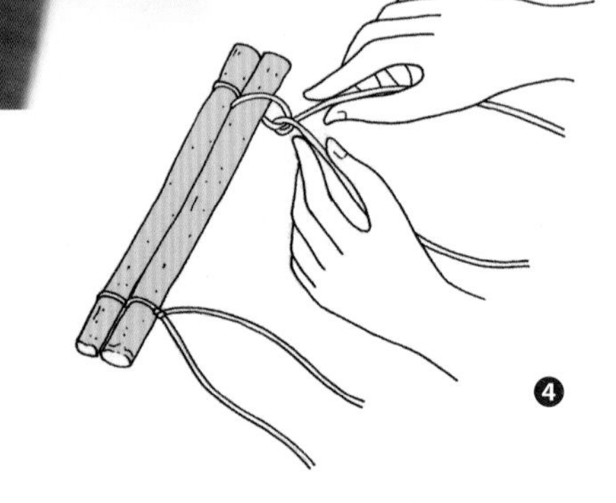

4 把第二根樹枝排在第一根樹枝的隔壁，確認兩根樹枝的底部對齊。依「步驟3」，用麻繩打結綁緊，固定好第二根樹枝的上方及下方。

5 繼續用這個方式綁上更多樹枝，直到樹枝綁片的長度足以完全包覆玻璃罐為止。

6 將樹枝綁片豎直，包住玻璃罐。把剩下的麻繩繞圈綁緊第一根樹枝，以固定樹枝綁片。打結固定後，剪掉多餘的麻繩。

7 放進迷你蠟燭並點亮（建議用長火柴棒），燈籠就完成了。

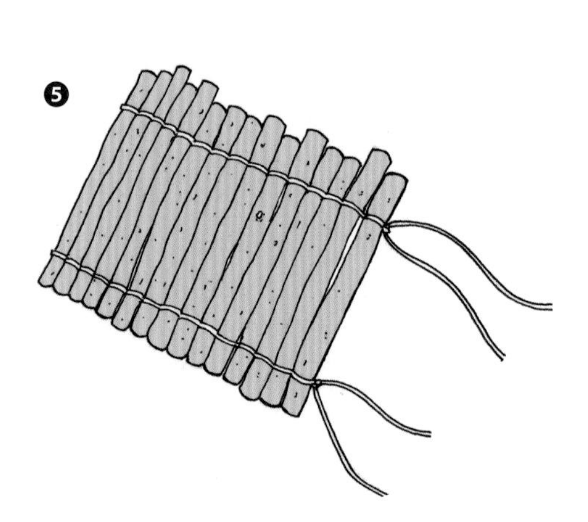

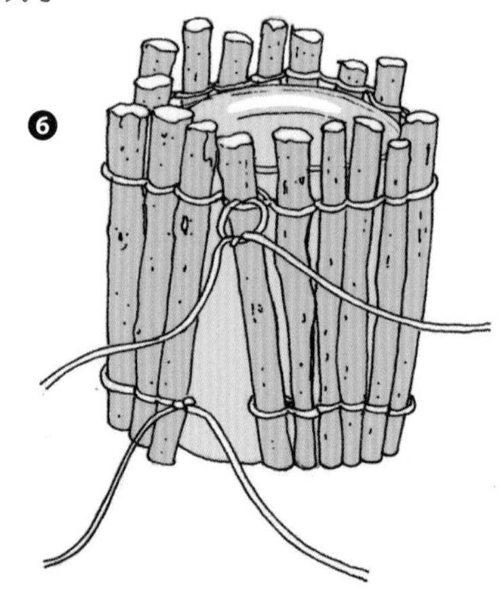

香茅蠟燭

Citronella CANDLE

我喜歡往戶外跑，也愛待在花園、海灘、草原或森林裡，能待多久就會待多久。雖然這樣可能會被蚊子騷擾，不過因香茅的氣味以驅蟲聞名，所以都會點香茅蠟燭來驅趕蚊蟲。香茅蠟燭易於製作，不管是要融化舊蠟燭或是要買新的蠟片皆可。冬天時可把香茅換成咖啡或是肉桂類的暖調香氣。

所需材料：

- ☑ 燭蠟片或是燒剩的舊蠟燭頭（約 250 克）
- ☑ 舊的平底深鍋
- ☑ 電熱爐
- ☑ 鉛筆（2 枝）
- ☑ 橡皮筋（2 條）
- ☑ 燭芯（須比玻璃罐再高一點）
- ☑ 果醬玻璃罐
- ☑ 香茅蠟燭香料（2 匙）
- ☑ 剪刀

1 把蠟片或蠟燭頭放進舊的平底深鍋，以低溫加熱慢慢融化。（一般大小的果醬玻璃罐能裝約的蠟，我也用過烤杯造型的果醬玻璃罐做比較小的蠟燭）。

2 用橡皮筋把兩支鉛筆的正反兩端綁在一起。將燭芯的一端夾在鉛筆中間（這可以確保燭芯垂直立在玻璃罐中央，而不會在安裝時就埋進蠟裡）。

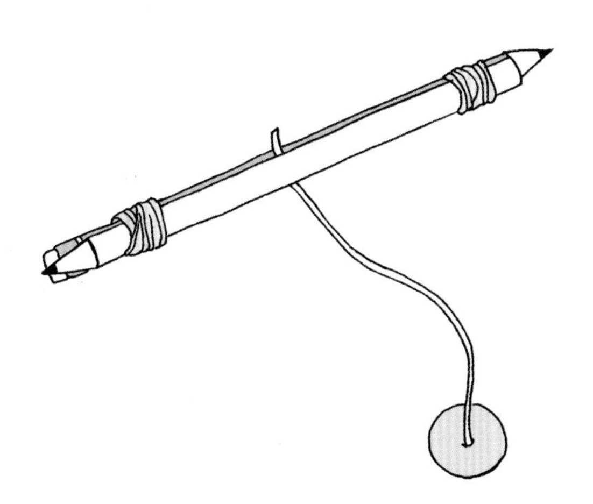

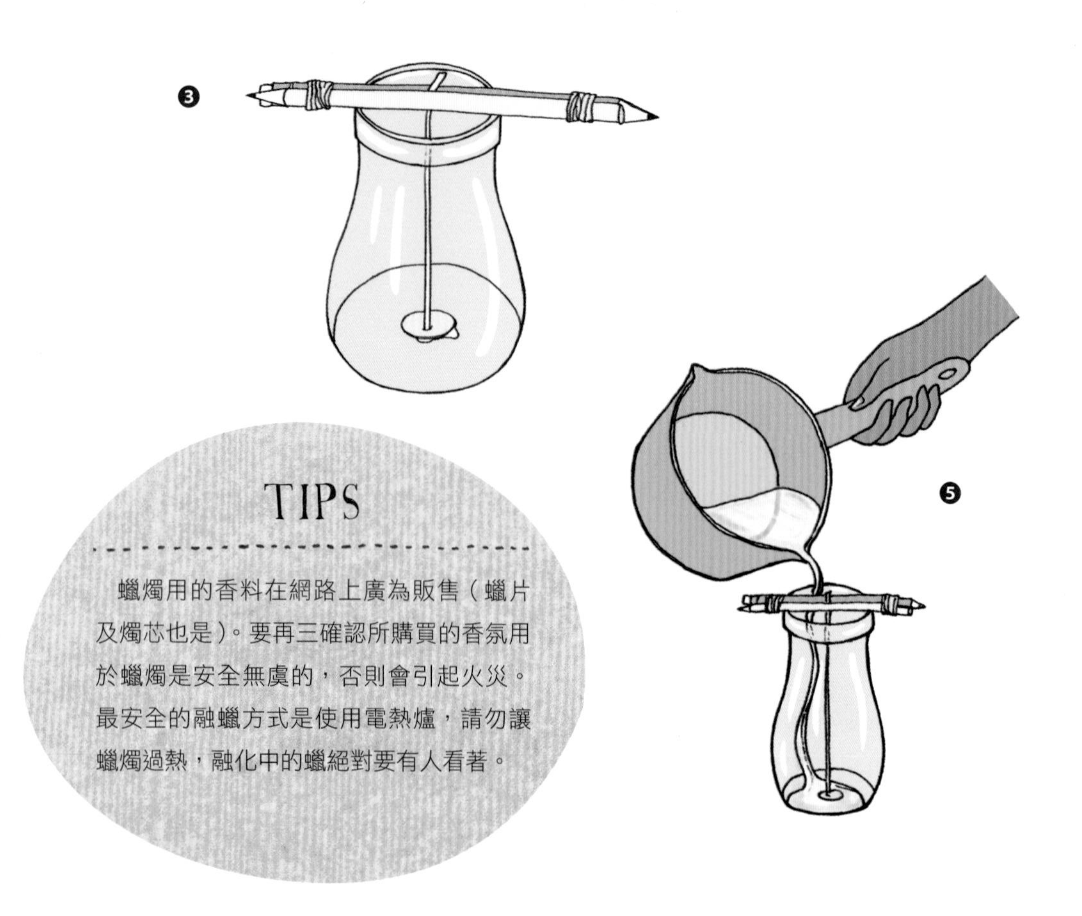

TIPS

蠟燭用的香料在網路上廣為販售（蠟片及燭芯也是）。要再三確認所購買的香氛用於蠟燭是安全無虞的，否則會引起火災。最安全的融蠟方式是使用電熱爐，請勿讓蠟燭過熱，融化中的蠟絕對要有人看著。

3 將燭芯放在玻璃罐底部，鉛筆架在罐口上。這樣把融化的蠟倒進罐子底部時，就能確保燭芯固定不動，不會被往下拉到罐子裡。

4 蠟融化好後，把香料加進平底深鍋。這裡是用標準尺寸的果醬玻璃罐，我會加入 2 匙香料（1 匙大約是 100 克）。

5 小心地把大部分的蠟都倒進罐子裡，讓平底深鍋只剩幾湯匙的蠟，留這些蠟用以固定表面。

6 蠟變硬後，最上層表面可能會因為燭芯附近冒出來的氣泡而凹凸不平。重新加熱剩下的蠟，倒入罐內使表面勻稱，再等蠟凝固。

7 蠟燭做好後，拿掉鉛筆，把燭芯修剪到剩約 1 公分的長度。

小鳥餵食器

Bird FEEDER

玻璃罐、瓶塞、掃帚柄、舊盤子改造而成的小鳥餵食器能使花園增添些許風情。這個作品的回收改造效益非常好，玻璃可以讓鳥飼料保持乾燥，拿起瓶塞也能輕鬆再加滿飼料。不過如同賞鳥需要耐心，這個作品不適合比較沒耐心的人，因為位於罐子圓圈中央用來裝填飼料的幾個洞，以及頂端放置瓶塞的大洞皆需要一點時間才能鑽好。但這個作品非常值得費心去完成，因那些羽絨小傢伙也會非常開心地常來拜訪。

所需材料：

- 掃帚柄
- 電鑽（附木頭用及陶器用的鑽頭）
- 陶瓷餐盤
- 紙膠帶
- 鉛筆
- 螺絲
- 螺絲起子
- 大型玻璃罐
- 附有鑽石鑽頭的電鑽
- 瓶塞
- 可防水強力膠
- 鳥飼料

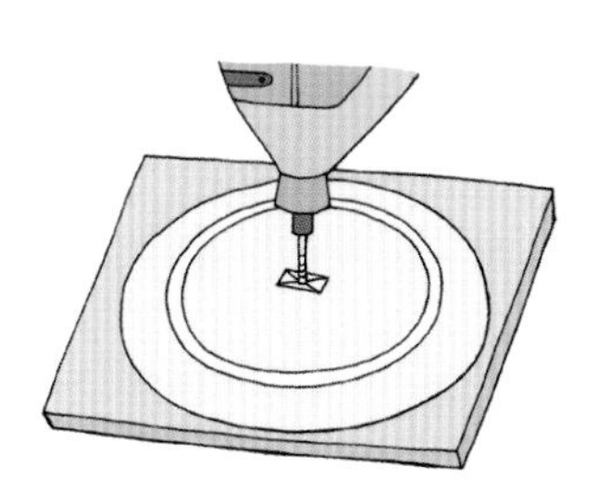

1 先將餵食器立起來。須先在掃帚柄末端的中央位置鑽個洞。

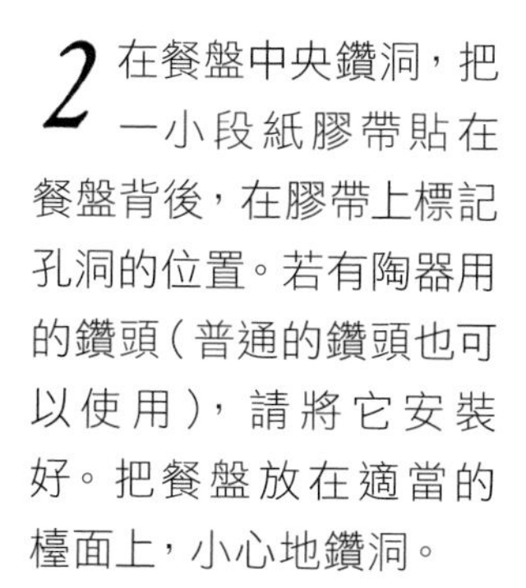

2 在餐盤中央鑽洞，把一小段紙膠帶貼在餐盤背後，在膠帶上標記孔洞的位置。若有陶器用的鑽頭（普通的鑽頭也可以使用），請將它安裝好。把餐盤放在適當的檯面上，小心地鑽洞。

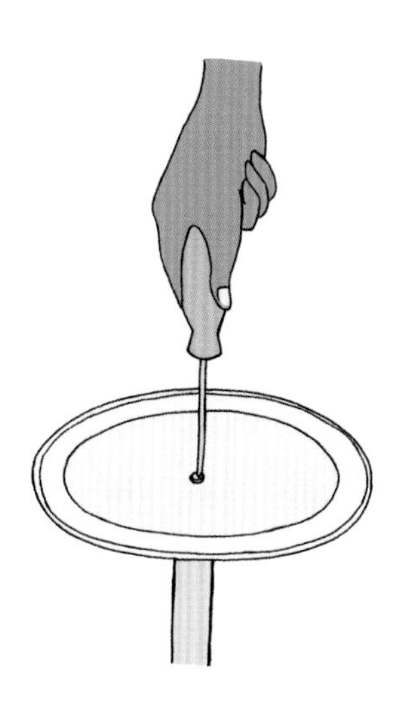

3 將餐盤固定，鎖在掃帚柄頂端。

TIPS

在鑽餐盤時記得要保護工作檯面，這樣桌面才不會被電鑽鑽壞。

4 在玻璃罐底部鑽一個洞，洞要夠大到能塞進瓶塞。由於罐底的厚度比周圍厚，所以需要多花一點時間。請參照第 10 頁玻璃鑽洞的說明，千萬不要急，否則會弄破玻璃。

5 用電鑽在罐口切出 3 個大小一樣的半圓形凹槽。這也會花點時間，因為罐口玻璃的厚度比較厚。凹槽要夠大到能夠讓鳥飼料掉出來。切割的同時就要一邊測試，把罐子倒扣在盤子上，倒一些飼料進去，測試凹槽的大小是否夠大。要不時確認飼料能夠穿過凹槽，必要時加大凹槽大小。

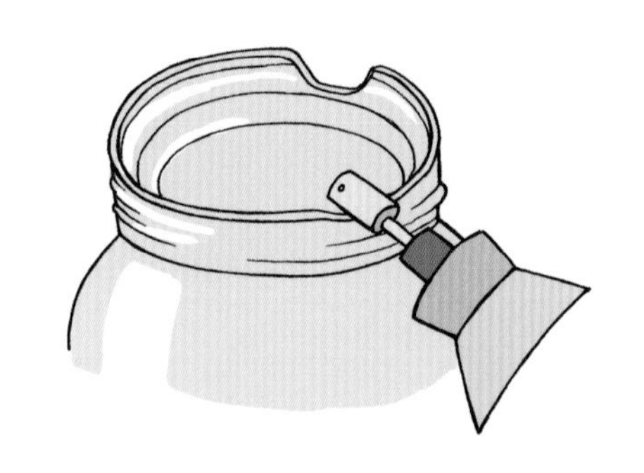

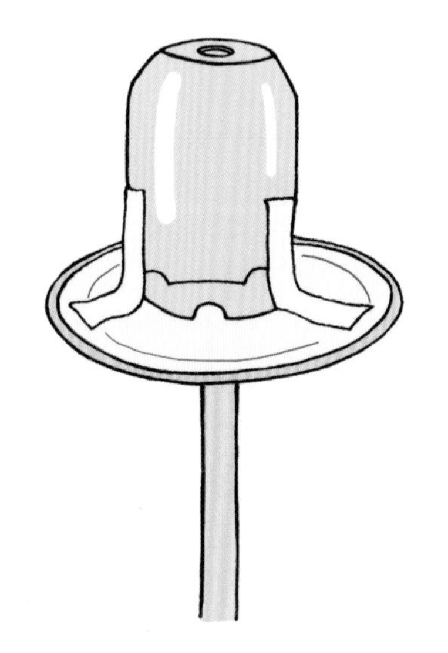

6 把掃帚柄的底部插進土裡，才能讓盤子呈水平。在罐口邊緣正上方塗一圈強力膠，壓向盤子正中央。也可以用幾段紙膠帶固定玻璃罐，直到強力膠乾了為止。

7 待強力膠乾掉後，拿掉紙膠帶。從上方的洞將玻璃罐裝滿鳥飼料，蓋上瓶塞，等著小鳥來。

桌邊小油燈

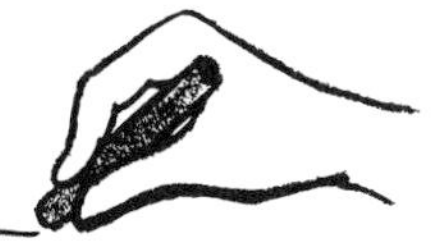

tiki TABLETOP TORCH

帶有波西尼亞風的油燈是戶外餐桌很棒的裝飾品，太陽西下時會增添一抹光彩，也能為花園派對營造氣氛。即使餐桌空間有限，總是會有個位置能擺放這個油燈，它能變成餐桌上完美的中心飾品，使後院或露台有迎賓氛圍。若沒有花園，也可以將這盞燈裝填用於室內的安全燈油。

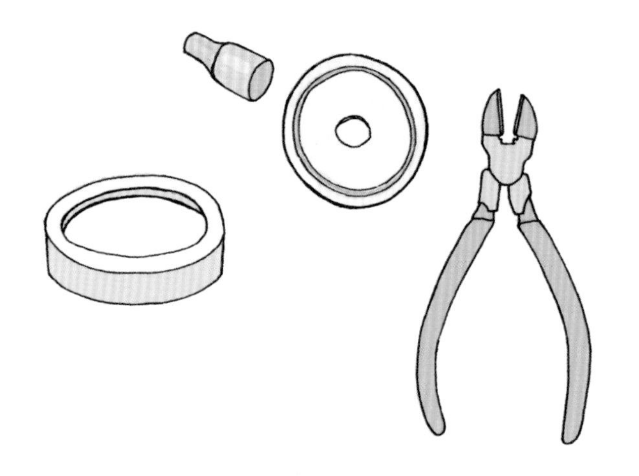

所需材料：

- ☑ 適用的玻璃罐
- ☑ 電鑽
- ☑ 金屬剪
- ☑ 銅製牙口零件
- ☑ 金屬銅噴漆
- ☑ 一條燈芯（厚度須與牙口零件相等，此處厚度是 1 公分）
- ☑ 燈油

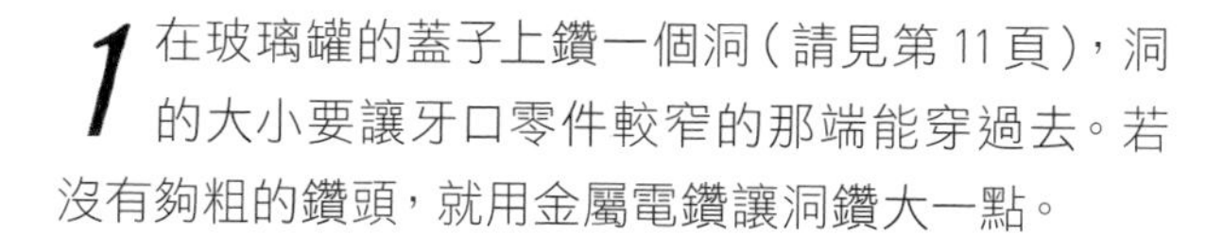

1 在玻璃罐的蓋子上鑽一個洞（請見第 11 頁），洞的大小要讓牙口零件較窄的那端能穿過去。若沒有夠粗的鑽頭，就用金屬電鑽讓洞鑽大一點。

2 將蓋子噴上銅漆（請見第 11 頁）。這些玻璃罐的蓋子常常由兩個零件組成，所以分別都要噴上漆，再等漆乾。

Ball
MASON

3 把牙口零件的窄端從蓋子上方穿過去。

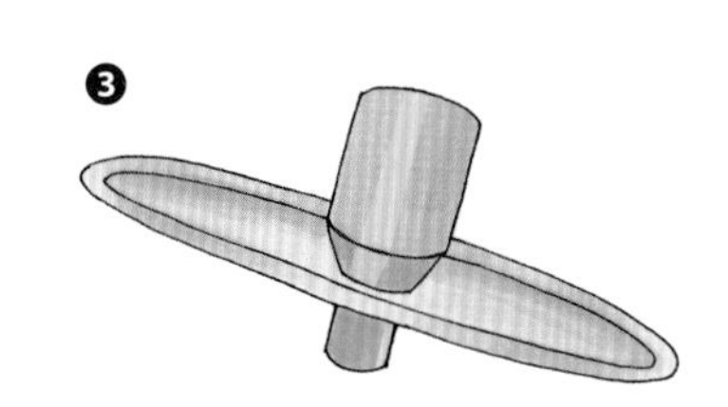

4 剪一段約 20 公分長的燈芯，穿過牙口零件。燈芯長度要夠長，須能夠平放在罐子底部吸收燈油。

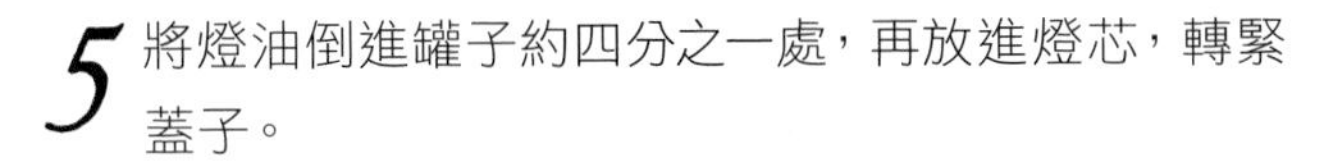

5 將燈油倒進罐子約四分之一處，再放進燈芯，轉緊蓋子。

TIPS

1. 切勿把油燈放在樹下、懸垂的樹枝下或是靠近易燃布料。
2. 火未滅前絕不可以離開，且要確認兒童及寵物無法拿到油燈。
3. 使用滅燭器熄滅燭火。
4. 玻璃罐要保持立放，以免燈油外漏。

CHAPTER 4
送禮小物

城市描繪蠟燭罐

Skyline CANDLE

釋放內在藝術家的靈魂，繞著玻璃罐來個城市描繪，畫上喜歡的街道、最愛的度假景點或是想像中的童話小鎮，把玻璃罐改造成很棒的祈禱小燈吧！若覺得自己不夠有創意沒關係，可從附錄（第 125 頁）印下阿姆斯特丹市景。透明投影膠片是很棒的作畫協助工具，蠟燭燈光可從繪圖空白處透光出去。透明投影膠片在一般的文具店、網路商城皆可買到。

所需材料：

- ☑ 市景設計圖（可使用第 125 頁附錄紙型）
- ☑ 透明投影膠片（能夠將玻璃罐包起來的大小）
- ☑ 透明膠帶
- ☑ 簽字筆（此示範用的是黑色及銅色）
- ☑ 剪刀
- ☑ 小的果醬玻璃罐
- ☑ 迷你蠟燭

1 印下第 125 頁的紙型或是設計自己想要的市景。書上的紙型適合小的果醬罐，若選用的是較大的玻璃罐，可能就需要放大設計圖或是重複多增畫些圖樣。

2 將透明膠片放在紙型上。可以用透明膠帶把它黏在紙上固定好，再用黑筆照圖描出房子的輪廓。

3 將房子部分區域塗上顏色，但要讓一些窗戶保持透明，以讓燈光能透出去。可另外幫房子加上一些細節設計，補如磚塊或是雨遮，也可塗上顏色。

4 把圖剪下來，高度須符合玻璃罐（剪直線，不要按照房子的形狀剪）。用透明膠片把玻璃罐包一圈，再用一條膠帶把兩端交接處黏在一起(膠帶要貼直的)。再放進迷你蠟燭，獨一無二的祈禱小燈就完成了。

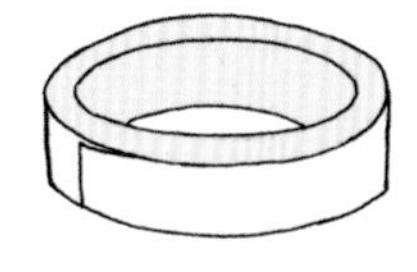

QUICK IDEAS

餅乾材料罐

去朋友家吃晚餐時，與其老套地帶一束花或是一瓶酒，不如帶個餅乾材料罐去吧！每個人都喜歡餅乾，準備好的材料也能讓主人很快地烤好一盤，只要加點奶油或加個蛋，效果都會出乎意料地好。也可在罐頭的標籤上寫個小食譜，會讓整體感覺更有味道。我都稱這個餅乾小禮為「在知道是餅乾前，就會吃光的餅乾」，因為一出烤箱時，朋友們都會立刻拿起來吃。食材倒出玻璃罐後，玻璃罐也可以拿來放餅乾喔！

所需材料：

- ☑ 附蓋玻璃罐（建議大小為 750 毫升）
- ☑ 自發麵粉（250 克）
- ☑ 黑糖（100 克）
- ☑ 隨意切碎的 M&M 巧克力（100 克）
- ☑ 黑巧克力碎片（80 克）
- ☑ 咖啡色標籤紙或其他紙
- ☑ 筆
- ☑ 麻繩

1 記得材料層次要分明，外觀才會俐落漂亮。先把麵粉倒入玻璃罐，然後用湯匙將表面抹平。

2 小心地用湯匙舀起糖，鋪平在麵粉層上。接著是 M&M 巧克力層，再來是黑巧克力碎片。都鋪好後，蓋上或轉緊蓋子固定好。

3 接著製作標籤，在正面寫上餅乾名稱或是要給朋友的話，背面寫下食譜（以下食譜內容請用楷體）：

❶ 烤箱預熱至攝氏 175 度。
❷ 加入 150 克常溫放軟後的奶油及 1 顆蛋。
❸ 將所有材料混合後，揉成圓柱狀，切成每片厚度約 5 公分的麵糰。
❹ 把麵團放在烤盤上，在預熱過的烤箱烤 15 分鐘或烤至金黃色。

4 需要的話再點綴幾個顯眼的顏色。也可用去莖的花朵，擺在淺底的迷你玻璃燭台中。

香料搖搖罐

Snow globe SPICE SHAKERS

小時候大家可能會有使用空的玻璃罐做雪球搖搖罐的經驗，但你知道也可以用同樣的技巧製作獨特的香料搖搖罐嗎？這些小玩偶絕對會為餐桌布置帶來不同的樂趣。而且還可以幫這些陶瓷小動物搭配牠們適合的「棲息景觀」。例如，在示範中我放了一個北極狐在鹽罐裡，看起來就像在雪裡玩耍的樣子；狐狸坐在像沙子的胡椒粉裡；海狸則在一堆由乾燥的辣椒碎片製成的落葉中嬉戲。也可以使用陶瓷房屋、樹木或甚至塑膠人偶來做這個作品。

所需材料：

- ☑ 小的陶瓷裝飾品
- ☑ 附蓋的小玻璃罐
- ☑ 噴漆
- ☑ 附鑽石鑽頭的電鑽
- ☑ 護目鏡
- ☑ 強力膠
- ☑ 泡棉及剪刀（非必要）
- ☑ 胡椒粉、鹽及辣椒碎片

1 確認所選的裝飾品可以很容易地就放進玻璃罐裡。用熱水刷洗裝飾品，確認都乾淨無髒污後，等待乾燥。

2 用噴漆將蓋子內外都上色（參見第 11 頁），待漆完全乾燥。

3 在玻璃罐底部鑽洞（參見第 10 頁）。胡椒和鹽罐需要鑽小洞，辣椒碎片的洞則要稍微大一點。在此之前亦須把玻璃罐徹底洗淨。

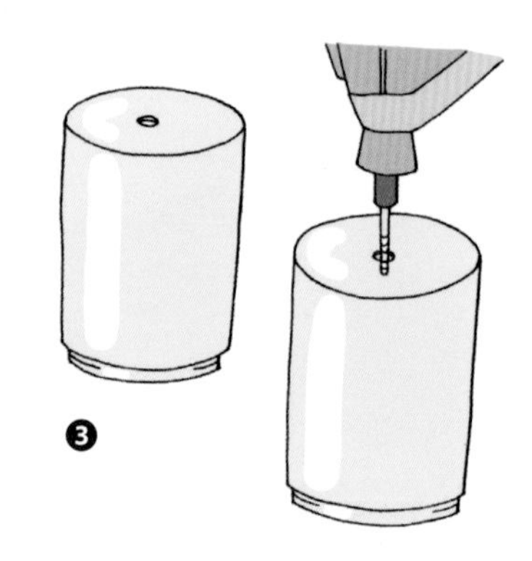

4 把動物裝飾品放在蓋子內層，用膠水固定後等膠乾燥。上膠前如果發現它們站在罐頭後面時身體被遮住太多，可在蓋子上黏一個圓形泡綿幫它們墊高，再把動物黏在泡綿上。

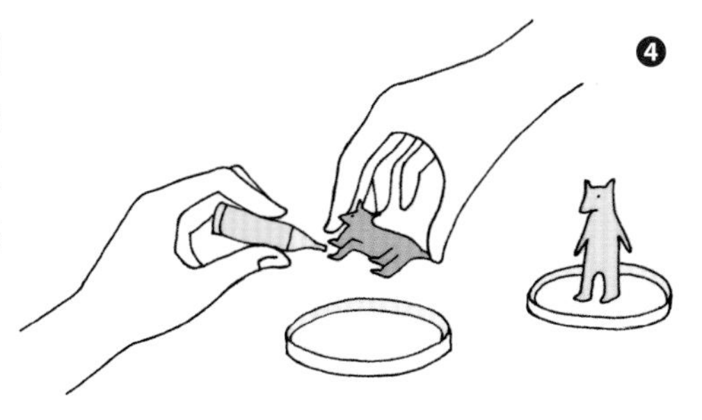

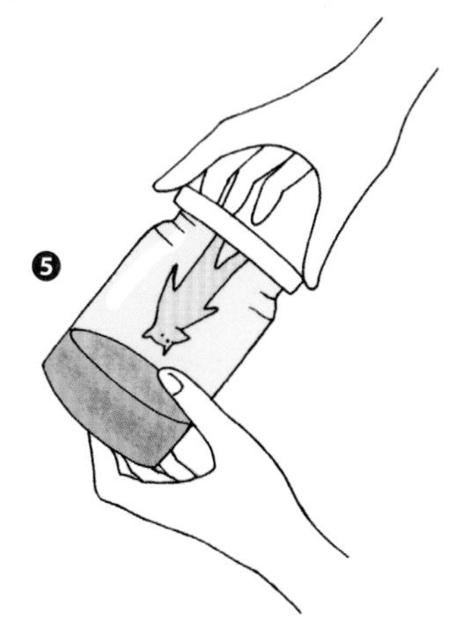

5 膠完全乾了後，把香料放進去，份量約為罐子容量的 1/3。在裝香料時要用手指擋住罐子底部的洞，避免香料跑出來。轉緊蓋子後，然後倒過來，立在蓋子上。香料會圍著動物，營造出可愛的畫面。

生日禮物罐

Birthday IN A JAR

把生日派對需要的所有東西打包裝進玻璃罐，這會是最特別的生日禮物！找個適合禮物的玻璃罐，然後做個生日皇冠和毛球彩旗、用些五彩碎紙點綴、最後再加上生日蠟燭。生日壽星需要的一切東西都有了，0 到 99 歲都很適用喔！

彩旗材料：

- ☑ 棉繩、麻繩或毛線（長度約 1 公尺）
- ☑ 現成的毛球（數個）
- ☑ 針線
- ☑ 剪刀

皇冠材料：

- ☑ 紙型（參見第 124 頁）
- ☑ 紙張
- ☑ 厚度適中的黃色不織布
- ☑ 直尺或捲尺
- ☑ 剪刀
- ☑ 扣子（2 顆）
- ☑ 針線

蓋子材料：

- ☑ 包裝紙
- ☑ 鉛筆
- ☑ 剪刀
- ☑ 亮光漆跟刷子

其他：

- ☑ 附蓋玻璃罐
- ☑ 面紙
- ☑ 包裝好的小禮物（要能放進玻璃罐裡）
- ☑ 生日用的五彩碎紙
- ☑ 生日蠟燭

1 製作彩旗：剪一條約 1 公尺長的棉繩、麻繩或毛線。把毛球平均排列縫在繩子上，兩端各留 10 公分的空間以便彩旗打結固定。也可按照喜好把彩旗做得更長。

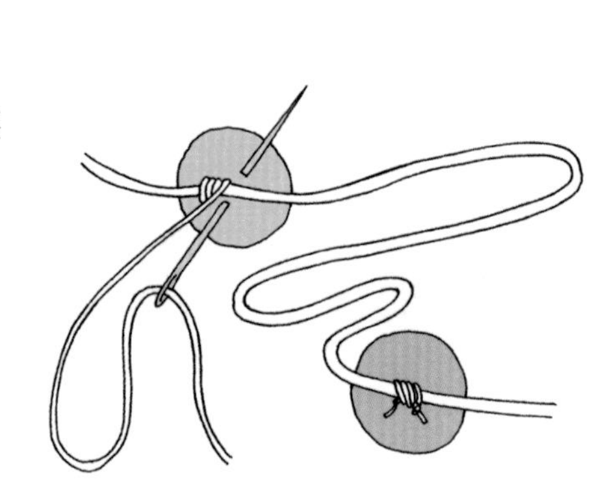

2 製作皇冠：在紙上描好紙型並剪下來。在不織布上描上輪廓，畫到紙型末端時，將紙型翻過來繼續描到想要的長度為止，最後再沿著輪廓剪下不織布。可斟酌修改成適合收禮者的長度（以下長度提供參考）：男性 57 公分、女性 55 公分、兒童 50 公分。

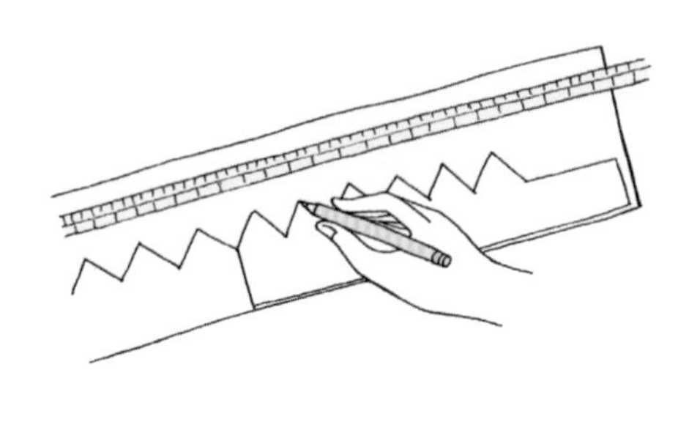

3 在不織布的末端剪兩個切口，這兩個切口會變成扣上皇冠的鈕扣洞。第一個切口須距離不織布邊緣 1 公分，第二個切口須距離邊緣 5 公分。每個切口的長度要與鈕扣的直徑相等。

4 將皇冠折成一圈圓圈，筆穿過鈕扣洞，在不織布重疊處標出鈕扣的位置。須確認皇冠的尖角有重疊對齊好。

❹

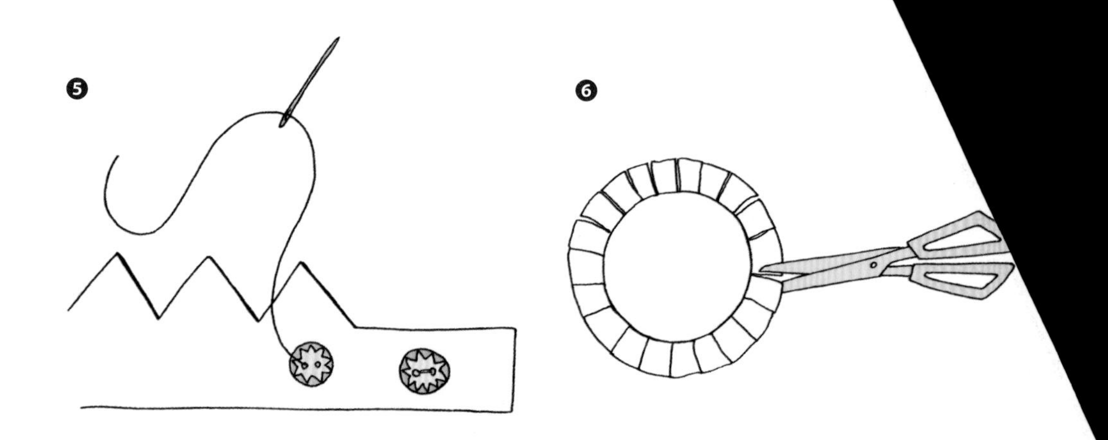

5 把鈕扣縫好固定。皇冠可以扣成兩種尺寸：想要尺寸較小的，就把兩個扣子都扣上；想要尺寸較大，只要扣靠近末端的扣子即可。

6 用與包裝禮物同樣花色的包裝紙來裝飾蓋子：在包裝紙背面沿著蓋子邊緣畫一圈，接著在距離第一圈往外多 5 公分的地方畫第二圈。沿著比較大的圓圈剪下，朝內圈剪幾道切口（又稱牙口），以便包裝紙能沿著蓋子邊緣包起來。

7 將膠水塗在蓋子上，把包裝紙黏上去（包裝紙的正面朝外）。沿著蓋子邊緣將剪開的切口往內包，用膠水固定。蓋子正面再上一層膠，然後等膠乾。

8 組合禮物：在玻璃罐裡加幾張面紙。把皇冠摺（或捲）成一圈放在罐子裡，再將禮物放在皇冠中央。繞著禮物垂放彩旗，再撒些五彩碎紙，並在皇冠周圍放上生日蠟燭，隨後將蓋子轉緊。

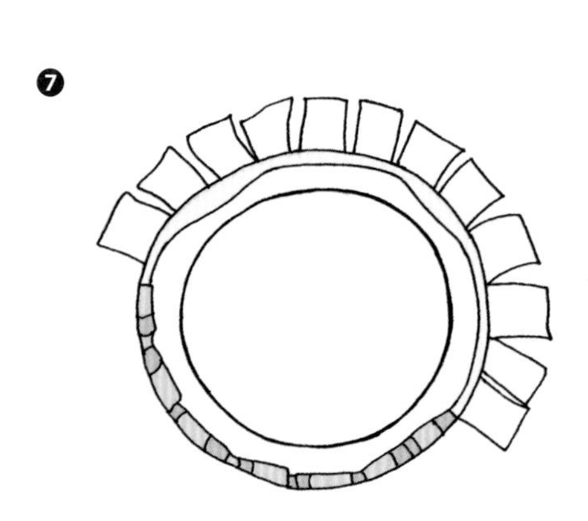

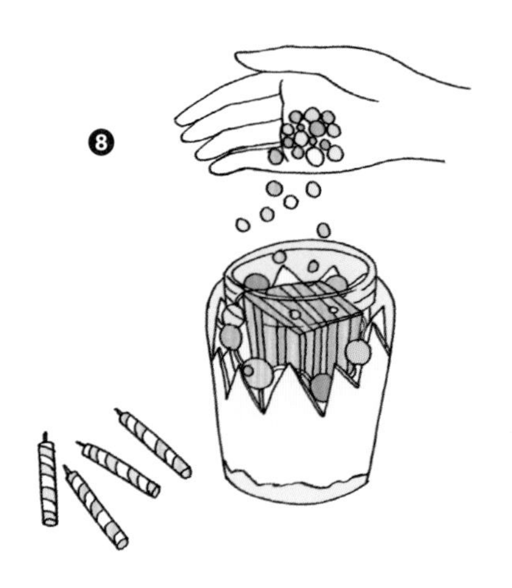

標籤儲物罐

Labeled STORAGE JARS

用玻璃罐來儲存食物是最常見的事，若把它們變得更時尚不是更有趣嗎？只要印上簡單的花樣，任何回收玻璃罐都能在廚房佔有一席之地。可多嘗試電腦裡各種字型與設計，並將其印在特殊的花紋紙張上。記得須先確認列印紙適用於應用的印表機。

彩旗材料：

- ☑ 附蓋玻璃罐
- ☑ 噴漆（非必要）
- ☑ 電腦和印表機
- ☑ 列印紙
- ☑ 剪刀
- ☑ 紙膠帶
- ☑ 玻璃貼花紙（又稱玻璃轉印紙）

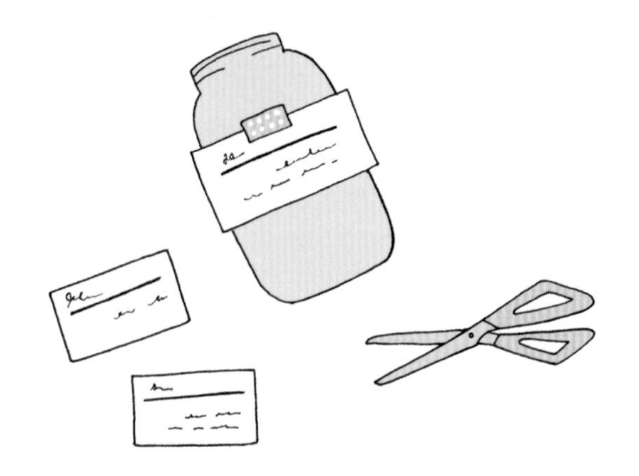

1 可先將蓋子噴漆上色（參見第 11 頁）並等漆乾。

2 設計自己的標籤。先在電腦上嘗試不同的字型及排版，直到設計出滿意的標籤為止。

3 由於貼花紙不便宜，建議可先印在普通的列印紙上，將標籤剪下來，再用紙膠帶貼在玻璃罐上以確認標籤的大小是否正確，據此再來修改電腦上的文件。

4 若很滿意自己的設計，就可印在貼花紙上，確認清楚列印在正確的那面。等標籤至少乾燥 10 分鐘後，再把它們剪下來。

5 撕下三分之一的保護膜，把標籤貼在玻璃罐上。用手指輕輕地壓出所有的氣泡。慢慢地撕掉剩下的保護膜，壓出所有氣泡，讓表面看起來光滑平坦。

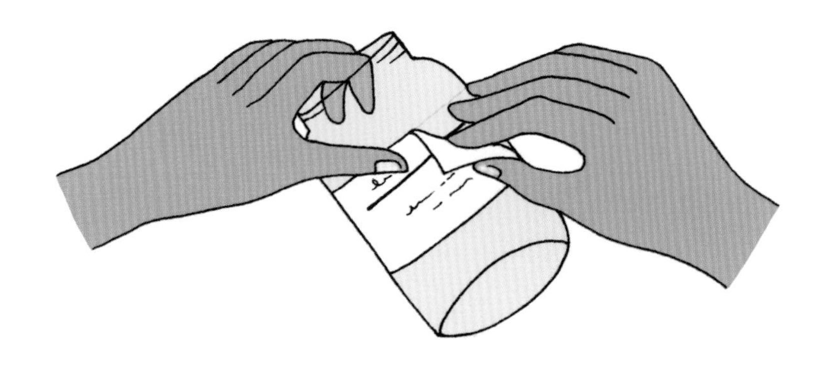

QUICK IDEAS

蛋糕罐

我很愛用玻璃容器裝蛋糕，且行之多年。玻璃罐可讓蛋糕看起來美味又方便攜帶，不必特地帶盤子，只要一根湯匙就可立即享用。可使用回收的玻璃罐，比如果醬罐或醬料罐，或是此示範作品所用的小玻璃罐或儲物罐。

這種簡單的蛋糕是我最喜歡的烘焙甜點其中之一，裝滿多汁的藍莓和藍莓糖霜，根本就是蛋糕的天堂。在做糖霜時要記得，攪拌得愈久就會愈蓬鬆。蓋上蓋子後，蛋糕可以在冰箱保存約 3 天。

蛋糕材料：

- 奶油（325 克），放室溫軟化
- 細砂糖（125 克）
- 蛋（2 顆）
- 自發麵粉（250 克）
- 牛奶（100 毫升）
- 香草精（1 小匙）
- 藍莓（300 克），可額外再準備一些來做裝飾
- 糖粉（400 克）
- 電動攪拌機
- 蛋糕烤模（20 公分 x20 公分）、烘焙紙
- 手持式攪拌棒
- 6 個小玻璃罐（此示範作品為 250 毫升）

1 將烤箱預熱至攝氏 175 度。

2 製作蛋糕：

❶ 用電動攪拌機將 125 克的奶油和細砂糖混合攪拌打成奶霜狀，打到蓬鬆且顏色變淺。
❷ 一次加入一顆蛋，攪拌至均勻混合。
❸ 依續加入牛奶、香草精，攪拌至麵粉充分混合。
❹ 用湯匙舀一半的藍莓放進去混合後，倒進蛋糕烤模烤 20 分鐘（或烤至表面金黃），之後在鐵架上放涼。

3 製作醬汁：將剩下的藍莓放到醬汁鍋裡，加 2 小匙的水煮 5 分鐘。鍋子離火，用手持攪拌器將醬汁打到光滑無顆粒後放涼。

4 製作糖霜：將細砂糖與剩下的奶油混合攪拌 5 分鐘。加入放涼後的醬汁，攪拌 30 秒。用湯匙將糖霜舀進擠花袋。

5 把蛋糕切成 2 公分大小的方塊。在玻璃罐底部擠一團糖霜，然後放上一層蛋糕，把蛋糕往底下推，平坦排成一層。蛋糕上面再擠一層糖霜，然後再放一層蛋糕，重複這個步驟直至滿到罐口。再用藍莓裝飾就完成了。

CHAPTER 5

個性風儲物及展示罐

壁掛花器

Wall-mounted VASES

在二手商店找到的復古儲物罐，該怎麼利用它們呢？這個單元可給予很多解答。我會將這些壁掛花器掛在外牆，這樣就能幫陽台妝點些漂亮的花。除了可以拿來插花，也可以拿來擺放廚房工具，像是木湯匙或是掛在書桌旁放所有的鉛筆文具。

所需材料：

- 舊木板 1 片（尺寸為 40x20 公分）
- 玻璃儲物罐 2 個（此示範直徑為 9 公分）
- 懸掛花器用的小釘子或掛鉤
- 管夾 2 個（直徑 8~10 公分）
- 上色塗漆及刷子（非必要）
- 附有金屬鑽頭的電鑽
- D 型掛畫吊環 2 個
- 量尺
- 鉛筆
- 螺絲
- 螺絲起子

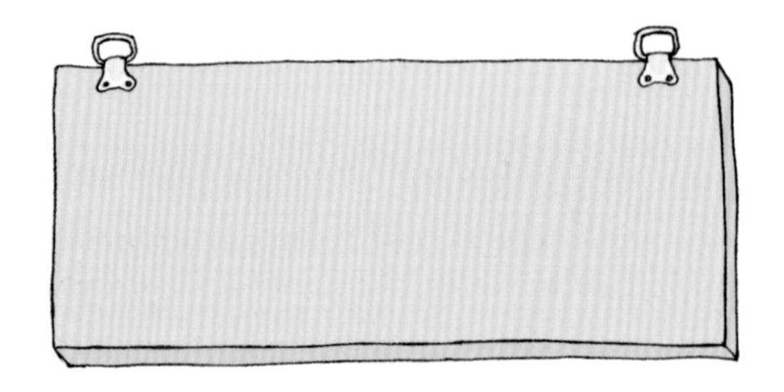

1 若想幫木板塗漆，須在製作前先上漆，建議刷 2~3 層。

2 在木片背面上方，距離左右邊界約 5 公分處用鉛筆做記號。再將掛畫吊環鎖在那兩個記號點。

3 用鉛筆在每個管夾上，正對著扣夾的中央點做記號，並在這個點上鑽洞。

JAR

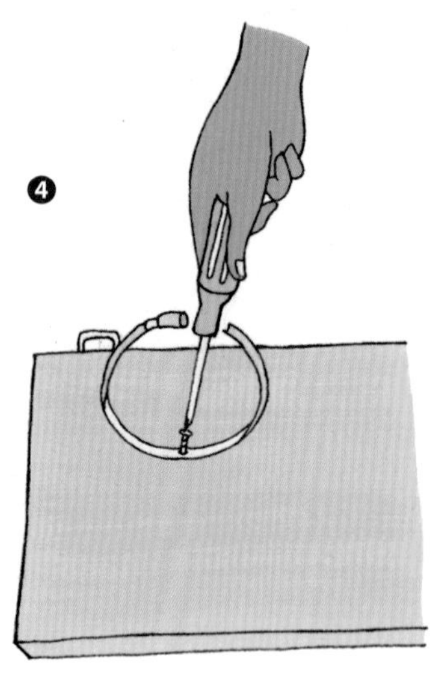

❹

4 將管夾鎖在木板的正面，須確認兩個管夾與木板邊緣的距離相等。

5 將一個玻璃罐卡進管夾裡，扣上管夾，用螺絲起子盡量鎖緊（務必確認玻璃罐已固定好）。第二個玻璃罐也照這樣做，然後在牆上鎖兩根釘子或掛勾，再將其掛上牆壁。

❺

TIPS

管夾可以在配管材料行或居家修繕商店買到。有各種不同的尺寸，也可以用比較小的玻璃罐和管夾來做這個作品。

珠寶置物架 

Jewelry Storage

這個珠寶置物架可以把所有的項鍊、手鍊跟戒指整理放好，且能輕易地從透明玻璃看見罐內的物品。不同色調的三角形能讓此置物架有很漂亮的圖案邊框。

若首飾太多，可多加幾個玻璃罐做較大的置物架。也可把置物架放在廚房裡裝乾的辛香料；亦可擺在兒童房放蠟筆跟其他美勞用具。不論是哪個地方需要置物分類，這些罐子都會派上很好的用場。

所需材料：

- 量尺
- 前板：長方形的木板或中密度纖維板（30 公分 x20 公分）
- 立座：三角形的木板或中密度纖維板。交會成直角的兩個短邊為 14 公分、另一個長邊為 20 公分
- 彩色塗漆 2 色（此示範為灰色及珊瑚紅）
- 附蓋小玻璃罐 3 個
- 金屬杯蓋掛鉤 2 個
- 附木頭鑽頭的電鑽
- 填充料刮刀
- 填充料
- 紙膠帶
- 油漆刷
- 螺絲起子
- 螺絲
- 砂紙
- 鉛筆

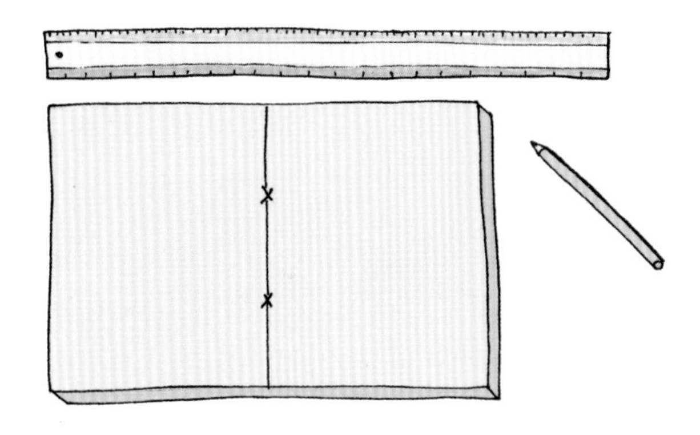

1 用量尺找出長方形木板長邊的中點，從中點畫垂直線到木板底邊。從底部往上量約 8 公分及 12 公分，並做兩個記號（當作螺絲固定立座的位置）。在兩個點上鑽洞，洞須夠大到能放入螺絲（這樣螺絲頭才會藏在木板表面下）。

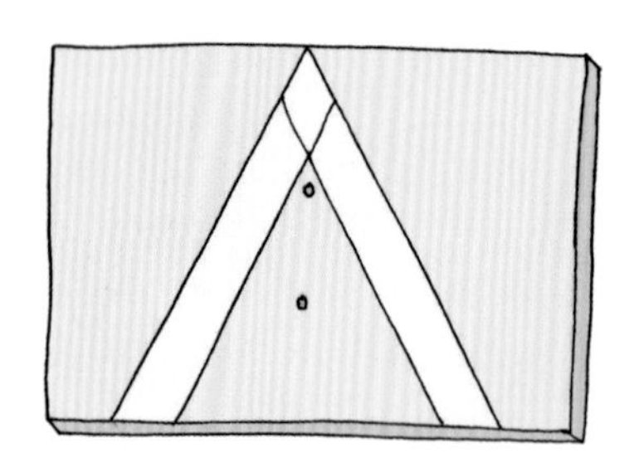

2 決定好三角形的大小，並畫在前板上。可先用鉛筆畫線，再把紙膠帶貼在鉛筆線內緣。

TIPS

此示範畫的是正三角形，也可以視喜好畫不同的形狀或大小。

3 將三角形以外的地方塗上灰色（第一種顏色），長方形木板的邊緣、背後、立座也都要塗。待漆乾後，必要時再上第二層漆。

4 漆乾之後撕掉紙膠帶。於事先鑽洞的地方垂直放上立座，並鎖上螺絲固定。

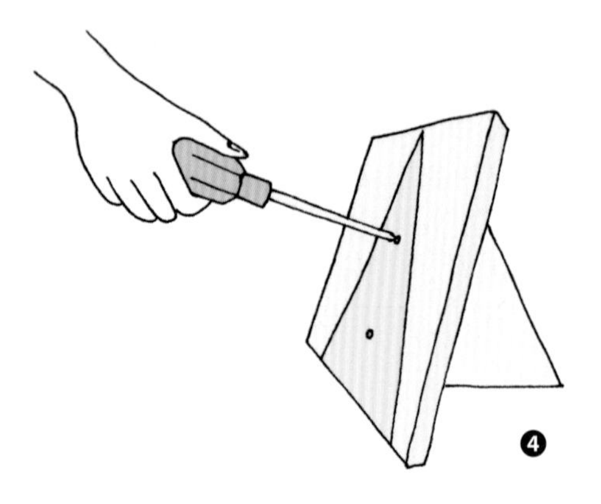
❹

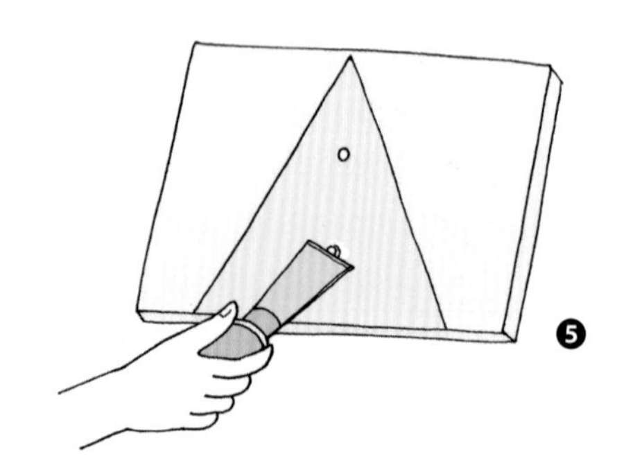
❺

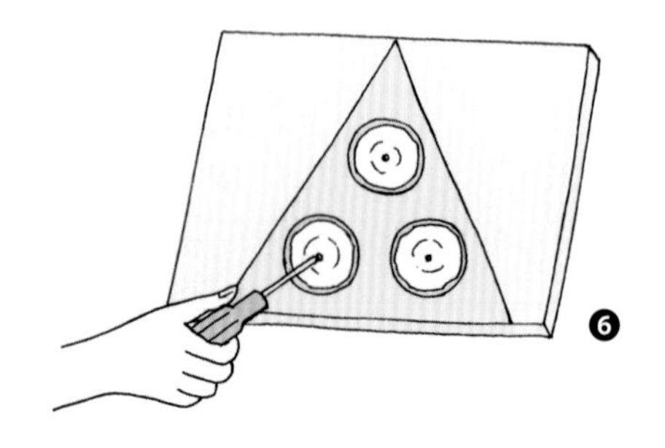
❻

5 用填充料填滿螺絲洞，等填充料乾燥後，再用刮刀劏平表面。

6 在每個玻璃罐蓋子的中央鑽洞（參見第 11 頁）。把它們平均排在中央的三角形上，再鎖上螺絲固定。

7 將中央的三角形及玻璃罐蓋子塗上珊瑚紅的顏色（第二種顏色）。可在三角形的邊緣貼上紙膠帶，會比較方便上色。建議上兩層漆（尤其是玻璃罐的蓋子），等漆乾後再撕掉紙膠帶。

8 在木板正面、靠近上方角落處鎖上杯子掛勾。

9 使用時可將首飾裝在玻璃罐裡，蓋子轉緊。掛鉤可以掛些比較短的飾品。

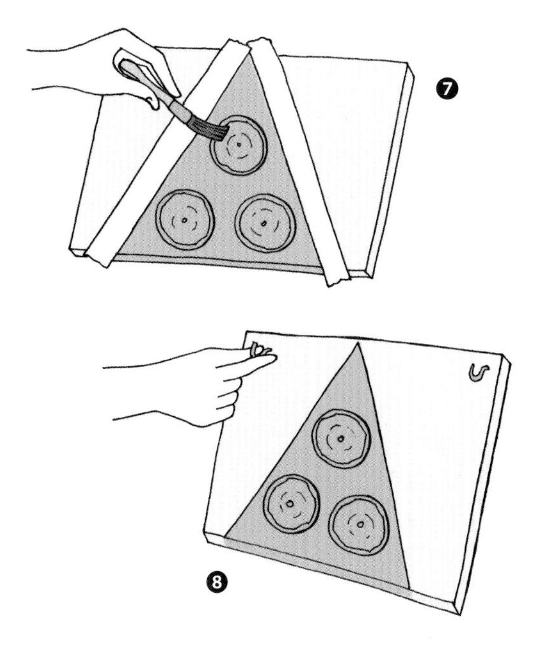

QUICK IDEAS

廚房儲物罐

這些看來時尚的食品容器感覺起來要價不菲，但其實只是經過改造後的空玻璃罐。使用玻璃儲物罐的優點，是能一眼就看到內容物，確認裡面存放了哪些東西。堅固耐用的扣式密封罐沒有不好，不過來嘗試做個可以大方展示的罐子如何？用噴漆裝飾蓋子的最大優點在於，能隨時變換喜歡的顏色。

所需材料：

- ☑ 附蓋空玻璃罐
- ☑ 塑膠珊瑚（魚缸用的那種，通常可以在水族館或寵物用品店買到）
- ☑ 強力膠
- ☑ 噴漆

1 把材料都收攏在一起，整理出合適的空間來進行噴漆。我喜歡在戶外靠著牆噴（牆上要先鋪一些報紙）。若只能在室內噴漆，務必確認門窗開啟，保持室內通風（參見第 11 頁）。

2 用一滴強力膠把珊瑚黏在蓋子的中央。

3 待膠乾後，先噴一層薄漆等漆乾，再噴第二層漆使表面均勻，以免因為每天使用而掉漆。

4 噴漆乾燥後，就可將儲物罐裝滿東西，並大方地放在廚房展示。

玻璃裝飾罩

Dome JAR

這是個非常有創意的玻璃罐再利用方法：變成玻璃罩。放一個喜愛的裝飾小物當作展示，或是把玻璃罩當作小溫室，用來種植小仙人掌或多肉植物都很棒。有人可能甚至會想要放第一個家的鑰匙、婚禮蛋糕的擺飾或是小寶貝的第一雙鞋。只要是有特別意義的東西，不管是什麼，用這種方式來展示看起來都會有驚艷的效果。

所需材料：

- ☑ 寬口玻璃罐（須蓋住展示物品）
- ☑ 比玻璃罐寬的木製底座（此示範使用的是年輪木片）
- ☑ 木珠子（大顆）
- ☑ 鉛筆
- ☑ 電鑽
- ☑ 強力膠

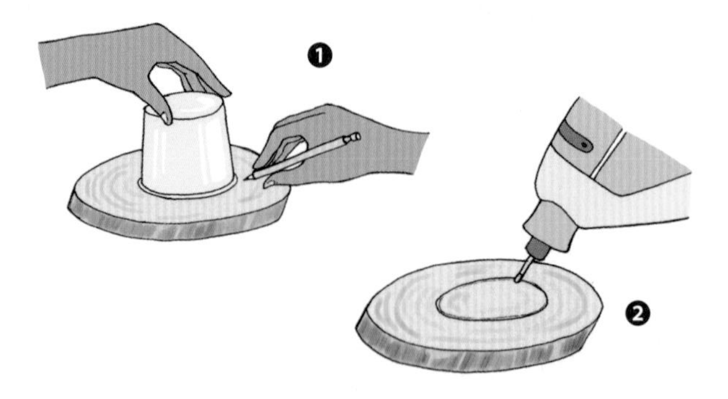

1 先決定好玻璃罩放置在木板上的位置（中央或是偏向其中一邊），把玻璃罐放在屬意的位置後，再用鉛筆沿著罐子邊緣描一圈。

2 用電鑽沿著鉛筆線小心地磨出約 0.5 公分的溝槽（溝槽寬度比玻璃罐罐緣稍微寬一點點就好）。記住，切磨的位置要剛好在鉛筆線的內圈。刷掉木屑後，確認玻璃罐剛好能卡進溝槽裡；若放不進去，就再稍微多磨一點。

3 用強力膠把木珠黏在玻璃罐頂端。待膠凝固定後，把玻璃罩蓋在木座上。

TIPS

玻璃罩是靠卡在木片上的溝槽來固定位置，以防止玻璃滑動。若沒有電鑽或不擅操作，可以略過這個步驟，不過在移動玻璃罩時須更小心謹慎。

QUICK IDEAS

假期回憶罐

與其用相框展示喜歡的照片，不如讓它們在玻璃罐裡亮相吧！ 去過海灘度假過嗎？ 可以帶點沙子、貝殼或漂流木回家，把它們放在玻璃罐底部。也可跟熟識的咖啡店拿一點咖啡豆鋪在玻璃罐底部，再放些小裝飾品或票根來裝飾。

清潔劑按壓瓶

Soap DISPENSER

告訴你一個小秘密：以前有客人來時，我常會擺些較精緻的洗碗精瓶罐來展示，但他們一離開，又會把便宜貨擺回去，畢竟這些塑膠的清潔劑瓶罐實在不能出來見人！而自從有了自製清潔劑按壓瓶，這些塑膠罐就能成為歷史。只要花 5 分鐘就能做好（記得要保留些許洗手乳瓶的按壓器），能讓廚房流理台看起來漂亮許多。

所需材料：

- 空罐子的按壓器
- 合適的玻璃罐
- 鑽頭
- 金屬切割器
- 強力膠
- 紙膠帶（非必要）
- 剪刀

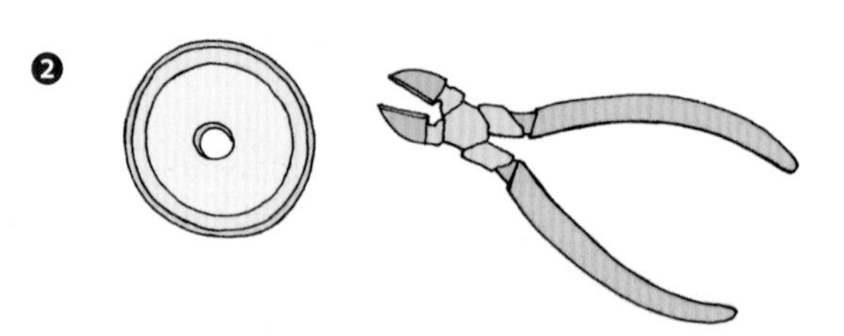

1 從空的洗手乳瓶拿出按壓器，將附著在上面的洗手乳洗淨。

2 在玻璃罐蓋子的中央鑽一個洞（參見第 11 頁），洞要夠大到能放進按壓器。若沒有尺寸剛好的鑽頭，可以先鑽 3 個比較小的洞，再用金屬切割器把 3 個洞磨切成一個大洞。

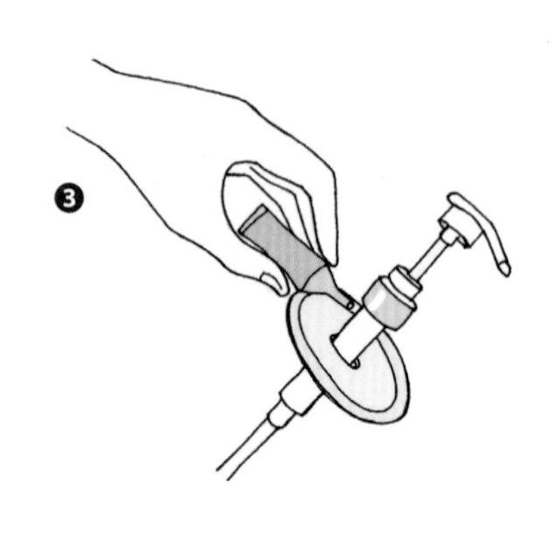

3 把按壓器裝進蓋子的洞裡。用強力膠黏好並固定位置直至膠乾為止，或是在按壓器上面黏一段膠帶待其乾燥。

TIPS

我喜歡讓按壓器保持原本的鋼鐵顏色，當然也可以把蓋子漆成適合廚房裝潢的色調。記得須小心上色，讓按壓器只有一層薄漆，漆乾之後再上一層亮光漆。若漆塗得太厚，按壓器上下滑動的部位在使用時一定會掉漆。

4 強力膠乾了之後，將蓋子蓋上玻璃罐（若罐子比原本的洗手乳瓶要矮，須剪掉一小段按壓器的管子）。把洗碗精裝進罐子裡，轉緊蓋子即完成。

玻璃雕刻罐（P44）

請調整成合適玻璃罐的尺寸

TEMPLATES

附錄 1

生日禮物罐（P100）

請調整成合適玻璃罐的尺寸

紙製花瓶套（P62）

請調整成合適玻璃罐的尺寸

城市輪廓蠟燭罐（P94）

請調整成合適玻璃罐的尺寸

附錄 2
作品材料來源

玻璃罐

1. 書中使用的玻璃罐，大多為 Ball、Mason、Weck 及 Kilner 等牌子，台灣一些大型賣場也可以買到。網路商城部份，可與 Weck（德國）、Le Parfait（法國）、Ball Masion Jars（美國）、Milx（台灣）等台灣代理商購買，也可於其他國內／國外網路商城直購：
   - www.lakeland.co.uk
   - www.walmart.com
   - www.kilnerjar.co.uk
   - www.weckjars.com
   - www.freshpreserving.com
   - 瓶瓶罐罐專賣（龍洋容器開發有限公司）：http://www.lybottle.com.tw/
2. 書中使用的桌燈，來自於 Ikea 的牛奶造型瓶：www.ikea.com

塗漆

以下為作者於原書中推薦的網路商城，台灣也有代理及自產許多合適的塗漆，可自行洽詢選用。

1. Kobra 噴漆的漆色很棒，通常只要上一層即可：www.kobrapaint.co.uk
2. General Finishes 的牛奶漆，顏色漂亮且易上色：www.generalfinishes.co.uk
3. 霧面或仿舊漆，作者推薦 Annie Sloan 的黑板漆，因不需要任何打磨或是上底漆的準備工作：www.anniesloan.com

DIY 工具

1. 木材：可至木材行或是大型賣場（比如 B&Q、Ikea）尋找。
2. 電鑽：可於一般水電行或五金行購買，作者推薦 Dermel 的電鑽組。
3. 電燈電線：可於一般水電行或五金行購買，較特殊的造型燈則可至網路商城購買。

室內及傢飾用品

以下作者推薦的素材不一定可於台灣直接購得，不過因參考元素豐富，於此仍保留下來可作為參考依循。也可先行記下使用樣式，再請相關商家或業者推薦通用的材料。

1. Anthropologie 販售世界各地新奇的傢飾用品及工藝品：www.anthropologie.com
2. 若預算不高，要買布料可到 H & M Home 購買。本書中很多的照片道具皆來自於此：www.hm.com
3. Etsy 販賣許多獨特的手工製品，以及不少可裝在玻璃容器或香料罐裡的小飾品：www.etsy.com/uk/shop/GreenOwlStudio

致謝
THANKS

非常感謝 CICO Books 出版社可愛的一群夥伴，特別是 Cindy Richards 給我撰寫第二本書的機會、優秀的編輯 Anna Galkina 及 Gillian Haslam 協助潤飾文字，以及設計師 Geoff Borin 的傑出設計天賦。非常感激 James Gardiner 及其出色的攝影，和你一起拍攝總是樂趣無窮。謝謝 Jasmine Parker 總回應我囉嗦的要求，並展現出驚人的才能，有了你的插圖，使我的工藝作品更加完美。

Ian，謝謝你幫忙的一切，以及幫忙留下的每個玻璃罐。

Little Stour Orchard 果園的 Micky 及 Sarah，非常感謝你們讓我使用叫人為之驚豔的果園作為拍攝場所，也謝謝 Micky 的電線接線教學課程以及無限供應的蘋果汁。

最後，要大大感謝我的父母，他們是最棒的 DIY 顧問。

國家圖書館出版品預行編目 (CIP) 資料

時尚復生！玻璃罐 howhow 玩 : 技巧 x 布置 x 送禮 x 節日 , 玻璃罐再創作的 35 個生活巧思 /
Hester van Overbeek 原著 ; 洪菁珮翻譯 . -- 初版 . -- 新北市 : 腳丫文化 , 2018.04
面； 公分 . -- (腳丫文化 ; K087)
譯自 : Crafting with mason jars and other glass containers
ISBN 978-986-7637-96-3(平裝)

1. 手工藝

426 107002924

腳丫文化

K 087

時尚復生！玻璃罐 HowHow 玩：

技巧 x 布置 x 送禮 x 節日，玻璃罐再創作的 35 個生活巧思

原 著 | HESTER VAN OVERBEEK
翻 譯 | 洪菁珮
責任編輯 | 連欣華
協力編輯 | 李艾澄
美術設計 | 李岱玲

主 編 | 謝昭儀
副 主 編 | 連欣華
行銷統籌 | 林琬萍
印 刷 | 勁達印刷廠

出 版 社 | 腳丫文化出版事業有限公司

地 址 | 24158 新北市三重區光復路一段 61 巷 27 號 11 樓 A（鴻運大樓）
電 話 | (02) 2278-3158
傳 真 | (02) 2278-3168
E－mail | cosmax27@ms76.hinet.net

法律顧問 | 鄭玉燦律師
電 話 | (02)2915-5229

發 行 日 | 2018 年 04 月 初版一刷
定 價 | 新台幣 360 元

First published in the United Kingdom in 2016
under the title Crafting with Mason Jars and other Glass Containers
by Cico Books, an imprint of Ryland Peters & Small,.
20-21 Jockey's Fields
London WC1R 4BW
Complex Chinese copyright arranged through jiaxibooks co. ltd.

Printed in Taiwan